"十三五"高等院校数字艺术精品课程规划教材

新媒体技术与应用

全彩慕课版

张亚丽 编著

U0196204

人民邮电出版社

北 京

图书在版编目（CIP）数据

新媒体技术与应用 ： 全彩慕课版 / 张亚丽编著. --
北京 ： 人民邮电出版社，2020.9
"十三五"高等院校数字艺术精品课程规划教材
ISBN 978-7-115-54006-5

Ⅰ．①新… Ⅱ．①张… Ⅲ．①多媒体技术－高等学校
－教材 Ⅳ．①TP37

中国版本图书馆CIP数据核字(2020)第081216号

内 容 提 要

本书全面系统地介绍了新媒体技术的知识和应用方法，包括新媒体技术概述、图形图像的编辑与制作、视频的编辑与制作、音频的编辑与制作、动画的编辑与制作以及综合案例设计与制作等内容。

全书内容均以课堂案例为主线，每个案例都有详细的操作步骤及实际应用环境展示；读者通过实际操作可以快速地熟悉新媒体技术并领会设计思路。每章的软件功能解析部分能够帮助读者深入学习与新媒体技术相关的软件功能及其特色。主要章节的最后还安排了课堂练习和课后习题，可以拓展读者对新媒体技术的实际应用能力。综合案例设计与制作可以帮助读者快速地掌握新媒体技术在商业领域中的实际应用方法，顺利达到实战水平。

本书可作为高等院校、职业院校新媒体技术、多媒体技术相关课程的教材，也可为初学者自学提供参考。

♦ 编　　著　张亚丽
　责任编辑　桑　珊
　责任印制　王　郁　马振武
♦ 人民邮电出版社出版发行　　北京市丰台区成寿寺路 11 号
　邮编　100164　电子邮件　315@ptpress.com.cn
　网址　https://www.ptpress.com.cn
　涿州市般润文化传播有限公司印刷
♦ 开本：787×1092　1/16
　印张：14　　　　　　　　　2020 年 9 月第 1 版
　字数：384 千字　　　　　　2024 年 9 月河北第 10 次印刷

定价：69.80 元

读者服务热线：(010)81055256　印装质量热线：(010)81055316
反盗版热线：(010)81055315
广告经营许可证：京东市监广登字 20170147 号

FOREWORD —————————— 前言

编写目的

随着虚拟现实和人工智能等技术的持续发展，新媒体技术已得到广泛应用，目前，我国很多院校的艺术设计类专业，都将新媒体技术作为一门重要的专业课程。本书邀请行业、企业专家和一线课程负责人一起，从人才培养目标方面做好整体设计，明确专业课程标准，强化专业技能培养，安排教学内容；根据岗位技能要求，引入了企业真实案例，通过"慕课"等立体化的教学手段来支撑课堂教学。同时在内容编写方面，本书全面贯彻党的二十大精神，以社会主义核心价值观为引领，传承中华优秀传统文化，坚定文化自信，使内容更好体现时代性、把握规律性、富于创造性。

新媒体技术与应用简介

新媒体技术是一种新兴的综合实际应用技术，它在图文设计、动画设计、视频编辑以及音频编辑领域都有广泛的应用。新媒体技术发展迅速、内容丰富，深受设计爱好者以及专业设计师的喜爱，已经成为当下设计领域关注度最高的方向之一。

作者团队

新架构互联网设计教育研究院由经验丰富的商业设计师和院校教授创立，立足数字艺术教育 16 年，出版图书 270 余种，畅销 370 万册，其中，《中文版 Photoshop 基础培训教程》销量超 30 万册。本书中海量的专业案例、丰富的配套资源、实用的行业操作技巧、对核心内容的准确把握、细致的学习安排，为学习者提供了丰富的知识、实用的方法、有价值的经验，助力学习者不断成长。本书配套资源为教师提供了课程标准、授课计划、教案、PPT、案例、视频、题库、实训项目等一站式教学解决方案。

如何使用本书

Step1 精选基础知识，快速认识新媒体行业

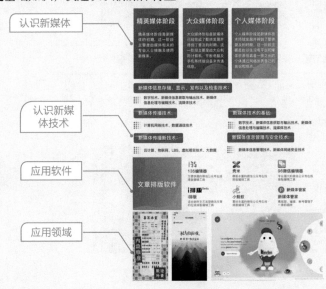

Step2 知识点解析 + 课堂案例，熟悉设计思路，掌握制作方法

2.5 调色

了解目标
和要点

　　数码相机由于其本身原理和构造的特殊性，加之摄影者技术方面的原因，拍摄出来的照片往往存在曝光不足、画面黯淡、偏色等问题。在 Photoshop 中，使用调整命令可以解决原始照片的这些问题，还可以根据创作创意图改变图像整体或局部的颜色以及更改图片的意境等。本节将通过讲解制作箱包类网店详情页主图以及汽车工业行业活动邀请 H5 两个案例，让读者快速掌握运用 Photoshop 调色的方法。

精选典型
商业案例

2.5.1　课堂案例——制作箱包类网店详情页主图

　　【案例学习目标】学习使用多种调色命令调整图像的色调。
　　【案例知识要点】使用"色相 / 饱和度"命令调整照片的色调，效果如图 2-117 所示。
　　【效果所在位置】Ch02/ 效果 / 制作箱包网店详情页主图 .psd。

　　（1）按 Ctrl+N 组合键，新建一个文件，宽度为 800 像素，高度为 800 像素，分辨率为 72 像素 / 英寸，颜色模式为 RGB，背景内容为白色，单击"创建"按钮，新建文档。
　　（2）按 Ctrl+O 组合键，打开云盘中的"Ch02/ 素材 / 制作箱包类网店详情页主图 /01"文件，如图 2-118 所示。选择"移动"工具 +，将其拖曳到新建的图像窗口中的适当位置，在"图层"控制面板中生成新的图层并将其命名为"包包"，如图 2-119 所示。

文字 + 视
频步骤详解

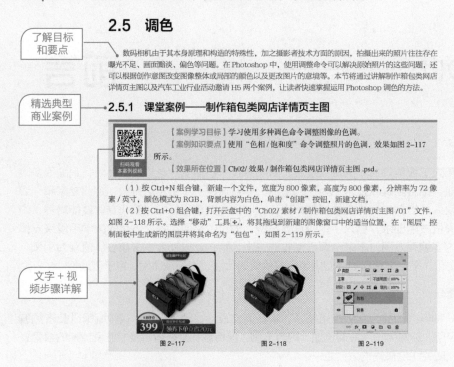

图 2-117　　　　　图 2-118　　　　　图 2-119

Step3 课堂练习 + 课后习题，拓展应用能力

5.6 习题

更多商业
案例

5.6.1　课堂练习——制作食品餐饮类公众号封面首图动画

　　【练习知识要点】使用"导入到库"命令，导入素材并制作图形元件；使用"变形"面板，改变实例图形的大小；使用"创建传统补间"命令，创建传统补间动画；使用"属性"面板，改变实例图形的不透明度，效果如图 5-227 所示。
　　【效果所在位置】Ch05/ 效果 / 制作食品餐饮类公众号封面首图动画 .fla。

扫码观看
操作视频

图 5-227

5.6.2　课后习题——制作教育咨询类微信公众号横版海报

针对本章所
学知识开展
训练

　　【习题知识要点】使用"导入到库"命令，导入素材并制作图形元件；使用"创建传统补间"命令，创建传统补间动画；使用"属性"面板，改变实例图形的不透明度，效果如图 5-228 所示。
　　【效果所在位置】Ch05/ 效果 / 制作教育咨询类微信公众号横版海报 .fla。

图 5-228

配套资源

学习资源及其获取方式如下。

● 所有案例的素材及最终效果文件。

● 全书视频：登录人邮学院网站（www.rymooc.com）或扫描封面上的二维码，使用手机号码完成注册，在首页右上角单击"学习卡"选项，输入封底刮刮卡中的激活码，即可在线观看视频。也可以扫描书中二维码，使用手机观看视频。

● 扩展案例：扫描书中二维码，即可查看扩展案例的操作步骤。

● 赠送素材包：包括画笔库、形状库、渐变库、样式库、动作库。

教学资源及获取方式如下。

● 全书 6 章的 PPT 课件。

● 课程标准。

● 课程计划。

● 教学教案。

● 详尽的课堂练习和课后习题的操作步骤。

任课教师可登录人邮教育社区（www.ryjiaoyu.com），在本书页面中免费下载和使用该教学资源。

教学指导

本书的参考学时为 64 学时，其中实训环节为 32 学时，各章的参考学时参见下面的学时分配表。

章	课程内容	学时分配（学时）	
		讲授	实训
第 1 章	新媒体技术概述	4	
第 2 章	图形图像的编辑与制作	4	4
第 3 章	视频的编辑与制作	4	8
第 4 章	音频的编辑与制作	4	4
第 5 章	动画的编辑与制作	8	8
第 6 章	综合案例设计与制作	8	8
学时总计		32	32

本书约定

本书案例素材所在位置：章号 / 素材 / 案例名，如 Ch06/ 素材 / 制作服装饰品类电商 Banner。

本书案例效果文件所在位置：章号 / 效果 / 案例名，如 Ch06/ 效果 / 制作服装饰品类电商 Banner.psd。

本书中关于颜色设置的表述，如蓝色（232、239、248），括号中的数字分别为其 R、G、B 的值。

由于编者水平有限，书中难免存在疏漏和不妥之处，敬请广大读者批评指正。

课程介绍

编　者

2023 年 5 月

New Media

CONTENTS —————————————— 目录

—01—

第1章 新媒体技术概述

—02—

第2章 图形图像的编辑与制作

New Media

─03─

第 3 章　视频的编辑与制作

CONTENTS ———————————————— 目录

— 04 —

第4章　音频的编辑与制作

— 05 —

第5章　动画的编辑与制作

New Media

—06—

第 6 章　综合案例设计与制作

01

第1章
新媒体技术概述

▶ 本章介绍

随着虚拟现实（Virtual Reality，VR）、增强现实（Augmented Reality，AR）以及人工智能（Artifical Intelligence，AI）等技术的持续发展，新媒体领域发生了巨大的变化。面对这些变化，相关人员必须对新媒体的变化方向与发展特点进行学习。本章将对新媒体的概念、发展、特点和类型，新媒体技术的概念和类型，新媒体信息处理技术的类型、软件和应用进行系统讲解。通过本章的学习，读者可以对新媒体技术有一个宏观的认识，有助于高效便利地进行后续的相关新媒体技术的学习。

学习目标

- 掌握新媒体的概念。
- 了解新媒体的发展。
- 熟悉新媒体的特点。
- 熟悉新媒体的类型。
- 掌握新媒体技术的概念。
- 了解新媒体技术的类型。
- 掌握新媒体信息处理技术的类型。
- 掌握新媒体信息处理技术的软件。
- 了解新媒体信息处理技术的应用。

新媒体技术概述

1.1 认识新媒体

认识新媒体

媒体是传播信息的媒介，是我们用来传递和获取信息的工具、渠道、载体、中介物等。以前，我们从书籍、报纸、杂志等媒体上获取信息，但随着互联网的高速发展，人们早已习惯看微信朋友圈、微博、抖音、今日头条……这些借助互联网形成的"新媒体"早已成为我们传递和获取信息的主要渠道。

1.1.1 新媒体的概念

新媒体的概念可以从狭义及广义两个方面进行理解。

（1）狭义上，新媒体特指21世纪以来，相对于传统媒体而言，建立在智能数字技术之上的，通过计算机、手机及数字电视机等终端，对信息进行交互式传播的载体。

（2）广义上，新媒体则指向用户提供信息和服务的新的传播载体。

1.1.2 新媒体的发展

新媒体（New Media）的概念由美国哥伦比亚广播电视网技术研究所所长戈尔德马克（P.Goldmark）在1967年率先提出。其发展历程经历了精英媒体阶段、大众媒体阶段以及个人媒体阶段这3个阶段，如图1-1所示。

图1-1

1.1.3 新媒体的特点

新媒体的特点可以分为互动化、全时化、个性化、数据化以及智能化5个方面，如图1-2所示。

图1-2

1.1.4 新媒体的类型

新媒体可以分为物质新媒体和信息新媒体两大类型。其中物质新媒体是指计算机、智能手机、照相机、新媒体辅助设备以及可穿戴设备等硬件，信息新媒体是指平台新媒体、社群新媒体、展示型新媒体、公众号新媒体、App新媒体以及游戏新媒体等软件，如图1-3所示。

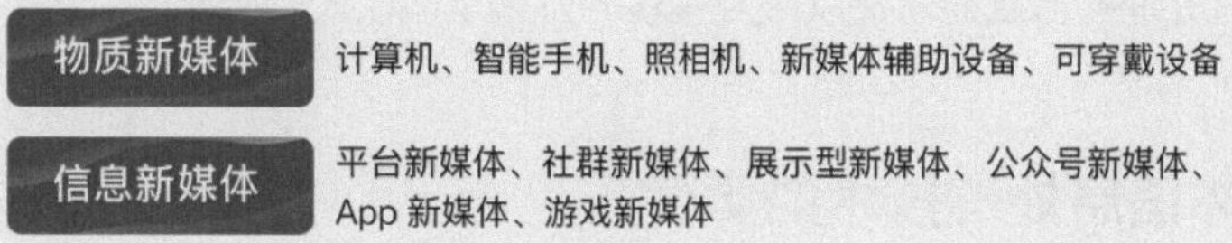

物质新媒体 计算机、智能手机、照相机、新媒体辅助设备、可穿戴设备

信息新媒体 平台新媒体、社群新媒体、展示型新媒体、公众号新媒体、App新媒体、游戏新媒体

图1-3

1.2 认识新媒体技术

新媒体是相对于传统媒体而言的，向用户提供信息和服务的新的传播载体，有别于过去借助报刊、广播、电视等终端设备获取信息和服务的传统媒介。在现代化、全球化、知识经济飞速发展的背景下，人们更倾向于借助手机、计算机、数字电视机等终端设备获取信息和服务，即使用新型媒介技术。

认识新媒体技术

1.2.1 新媒体技术的概念

新媒体技术是一种新兴的综合技术。该技术是以互联网技术为基础，为提供用户需要的信息服务功能而生成的实际应用技术。

1.2.2 新媒体技术的类型

新媒体技术的类型主要可以分为新媒体信息存储、显示、发布以及检索技术，新媒体传播技术，新媒体技术的基础技术，新媒体传播新技术以及新媒体信息管理与安全技术，如图1-4所示。

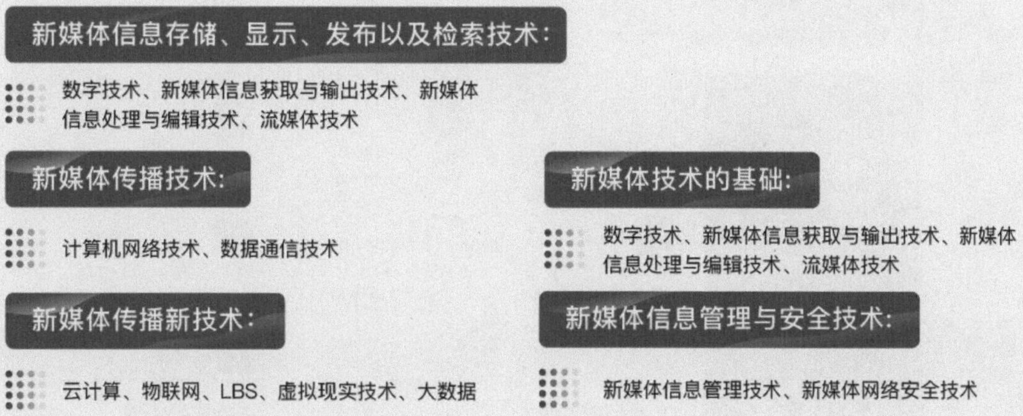

新媒体信息存储、显示、发布以及检索技术：
数字技术、新媒体信息获取与输出技术、新媒体信息处理与编辑技术、流媒体技术

新媒体传播技术：
计算机网络技术、数据通信技术

新媒体技术的基础：
数字技术、新媒体信息获取与输出技术、新媒体信息处理与编辑技术、流媒体技术

新媒体传播新技术：
云计算、物联网、LBS、虚拟现实技术、大数据

新媒体信息管理与安全技术：
新媒体信息管理技术、新媒体网络安全技术

图1-4

1.3 新媒体信息处理技术

新媒体信息
处理技术

新媒体技术是为提供用户需要的信息服务功能而生成的实际应用技术。而新媒体信息处理技术作为新媒体技术的基础技术，主要针对各类信息进行相关的技术处理。这些经过处理的信息通常是以最为直观的方式呈现在人们面前的，从而给人们带来直观的体验。

1.3.1 新媒体信息处理技术的类型

新媒体信息处理技术主要分为文字信息处理技术、图形图像信息处理技术、动画信息处理技术、音频信息处理技术以及视频信息处理技术。

1.3.2 新媒体信息处理技术的软件

新媒体信息处理技术的常用软件为文章排版软件、设计制图软件、影音编辑软件、动画设计工具、制作常用工具、网址加工工具、团队协作工具、实用辅助工具这 8 类，如图 1-5 所示。

图 1-5

动画设计工具	**An** Animate 二维动画设计软件	**Ae** After Effects 可以进行动画和视觉特效制作的非线性编辑软件	**3 AUTODESK 3DS MAX** 3d Max 三维动画渲染和制作软件
	GifCam 集录制与剪辑功能于一身的屏幕GIF动画制作工具	GIF工具之家 简单好用的GIF处理工具	**makeagif** Makeagif 方便好用的GIF动画在线制作工具
制作常用工具 — 普通类（适合初学者）	易企秀 如同Office软件的H5工具	**MAKA** MAKA 轻量级的H5工具	兔展 适配友好的H5工具
进阶类（易学、易用且拥有进阶功能）	凡科网 凡科 综合性较强的H5工具	**快站** 搜狐快站 快速搭建手机功能网站的H5工具	人人秀 提供丰富功能模版的H5工具
专业类（面向专业设计人员）	**iH5.cn** iH5 功能全面的元老级H5工具	木疙瘩 木疙瘩 如同Flash软件的H5工具	**Epub360** 意派360 稳定性较强的H5工具
H5 小程序	上线了 进行网站及小程序建设的专业平台	微信小程序 Coolsite360 微信小程序可视化设计工具	即速应用 无须代码即可进行微信小程序开发的工具网站
网址加工工具	草料 草料二维码 二维码快速生成工具	模板码 可以生成GIF、指纹、半色调、地图、彩色、图片组合等多种形式的二维码	**9th** 第九工厂 艺术二维码设计平台
	Bai 短网址 百度短网址 能够将任意较长的网址缩短的工具	**SINA·短网址** 新浪短网址 能将冗长的网址缩短到8个字符以内的工具	**电商短网址** 电商短网址 专门用于将淘宝、天猫以及京东等电商网址缩短的工具
团队协作工具	石墨文档 轻便、简洁的在线协作文档工具	**腾讯文档** 腾讯文档 可多人协作的在线文档工具	印象笔记 可以随时随地整理、获取以及分享笔记的工具
	幕布 思维管理工具	**Process On** Processon 免费在线作图并能够实时协作的平台	百度脑图 便捷的思维导图在线工具
实用辅助工具	智图 轻便、简洁的在线协作文档工具	Tinypng PNG图片压缩工具	**Smallpdf** Smallpdf 文档格式转换工具
	格式工厂 音频、视频格式转换工具	录音宝 语音转文字工具	ApowerREC 集注释、创建计划任务、上传视频、截图等多项功能于一身的录屏软件

图 1-5（续）

1.3.3　新媒体信息处理技术的应用

　　新媒体信息处理技术的应用主要表现在图文设计、动画设计、视频编辑以及音频编辑这 4 个方面，常见的应用形式有微信公众号推广海报、微信公众号宣传长图、微信小程序界面设计、微信 GIF 表情包、H5 制作、App 弹窗动画、App 界面设计、网站加载动画、网站 Banner、网站内嵌动画以及网站视频等，如图 1-6 所示。

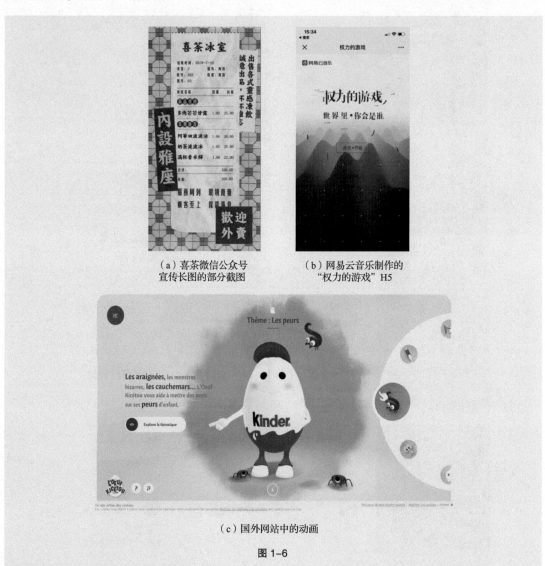

（a）喜茶微信公众号　　　　（b）网易云音乐制作的
宣传长图的部分截图　　　　　"权力的游戏" H5

（c）国外网站中的动画

图 1-6

02

第 2 章

图形图像的编辑
与制作

▶ 本章介绍

本章将主要介绍 Photoshop CC 2018 的基本操作方法及核心处理技巧，内容包括图像的基础处理方法、Photoshop 的基本操作及抠图、修图、调色、合成的方法和技巧、特效工具组的应用。通过本章的学习，读者可以快速地掌握各个知识点，提高综合运用 Photoshop 的能力。

学习目标

- 了解图像的基础处理方法。
- 熟练掌握 Photoshop 的基本操作。
- 掌握不同的抠图方法和技巧。
- 掌握不同的修图方法和技巧。
- 掌握不同的调色方法。
- 掌握不同的合成方法和技巧。
- 掌握特效工具组的应用。

图形图像的
编辑与制作

技能目标

- 掌握"电商平台 App 主页 Banner"的制作方法。
- 掌握"旅游出行公众号首图"的制作方法。
- 掌握"婚纱摄影类公众号运营海报"的制作方法。
- 掌握"娱乐媒体类公众号封面次图"的制作方法。
- 掌握"美妆教学类公众号封面首图"的制作方法。
- 掌握"箱包类网店详情页主图"的制作方法。
- 掌握"汽车工业行业活动邀请 H5"的制作方法。
- 掌握"家电网站首页 Banner"的制作方法。
- 掌握"饰品类公众号封面首图"的制作方法。
- 掌握"电子产品网站详情页主图"的制作方法。
- 掌握"美妆饰品类网店详情页主图"的制作方法。
- 掌握"文化传媒类公众号封面首图"的制作方法。

2.1 图像的基础处理

图像的基础处理

新媒体图像处理是指运用新媒体技术对图像进行分析、加工以及处理，以满足视觉、心理或其他要求。图像处理涉及人类生活和工作的方方面面，如个人生活照、旅游风景照以及工作会议照。本节通过讲解数字图像的基础知识，同时以 Photoshop 为例，讲述编辑数字图像的基本操作，以便为读者后续的操作学习打下基础。

2.1.1 认识数字图像

1. 传统图像与数字图像

生活中常见的图像一般分为传统图像和数字图像两种。

通常在纸质媒介上印刷或绘制的图像，称为"传统图像"，生活中常见的报纸、杂志、书籍上出现的图像，都属于传统图像，如图 2-1 所示。

图 2-1

在数字媒介上显示的图像，称为"数字图像"，常见的计算机、手机、数码相机、平板电脑上显示的图像，都属于数字图像，如图 2-2 所示。

图 2-2

提示：传统图像与数字图像可以相互转换，传统图像通过数码相机翻拍或扫描仪扫描，可以转换为数字图像；数字图像通过打印或印刷可以转换为传统图像。

2. 数字图像的类型

数字图像可以分为两种类型：位图和矢量图。一般把位图称为"图像"，把矢量图称为"图形"。

位图是由一个个像素点构成的数字图像。由数码相机和手机拍摄的照片，或者经扫描仪扫描后的数字图像，都是位图。在 Photoshop 中打开图像，使用缩放工具把图像放大，可清晰地看到一个个小方块，一个方块就是一个像素点，多个不同颜色的像素点可以组合成一幅精美的位图，如图 2-3 所示。

矢量图由计算机软件生成，是用数学方法描绘的数字图像。一幅完整的矢量图作品是通过对点、线、面等矢量图形的绘制、编辑、填色以及组织来完成的，如图 2-4 所示。

图 2-3　　　　　　　　　　　　　　　　　　图 2-4

2.1.2　编辑数字图像

1．图像大小

打开一个图像，如图 2-5 所示，选择"图像 > 图像大小"命令，弹出"图像大小"对话框，如图 2-6 所示，可以调整图像的尺寸、宽度、高度和分辨率，进行调整的同时就会影响图像在计算机屏幕上的显示大小、质量、打印特性及存储空间。

图 2-5　　　　　　　　　　　　　　　　　　图 2-6

2．画布大小

打开一个图像，如图 2-7 所示。选择"图像 > 画布大小"命令，弹出"画布大小"对话框，如图 2-8 所示，即可以调整当前图像周围的工作空间的大小和颜色。

图 2-7　　　　　　　　　　　　　　　　　　图 2-8

第2章　图形图像的编辑与制作

9

2.2 Photoshop 的基本操作

Photoshop 的基本操作

Photoshop CC 2018 是由 Adobe Systems 开发和发行的一款专业级图像处理软件。本节将详细讲解 Photoshop CC 2018 的基础知识和基本操作。读者通过学习要对 Photoshop CC 2018 有初步的认识和了解，并能够掌握软件的基本操作方法和技巧。

2.2.1 Photoshop 的工作界面

熟悉工作界面是学习 Photoshop CC 2018 的基础。熟练掌握工作界面的内容，有助于初学者日后得心应手地驾驭软件。Photoshop CC 2018 的工作界面主要由菜单栏、属性栏、工具箱、控制面板和状态栏组成，如图 2-9 所示。

图 2-9

菜单栏：菜单栏共包含 11 组菜单命令，利用菜单命令可以完成图像编辑、色彩调整、添加滤镜效果等操作。

属性栏：属性栏是工具箱中各个工具的功能扩展，通过在属性栏中设置不同的选项，可以快速完成多样化的操作。

工具箱：工具箱中包含了多种工具，利用不同的工具可以完成对图像的绘制、观察、测量等操作。

控制面板：控制面板是 Photoshop CC 2018 的重要组成部分，通过不同的功能面板，可以完成在图像中填充颜色、设置图层、添加样式等操作。

状态栏：状态栏可以提供当前文件的显示比例、文档大小、当前工具、暂存盘大小等提示信息。

2.2.2 Photoshop 的文件编辑

1. 新建文件

选择"文件 > 新建"命令或按 Ctrl+N 组合键，弹出"新建文档"对话框，如图 2-10 所示。在对话框中可以设置新建图像的名称、宽度和高度、分辨率、颜色模式等，设置完成后单击"创建"按钮，即可新建图像，如图 2-11 所示。

图 2-10

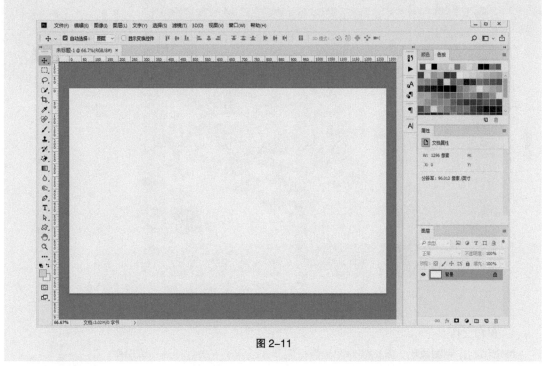

图 2-11

2. 打开图像

如果要对照片或图片进行修改和处理，就要在 Photoshop CC 中打开需要的图像。

选择"文件 > 打开"命令或按 Ctrl+O 组合键，弹出"打开"对话框，在对话框中搜索路径和文件，确认文件类型和名称，选择要打开的文件，如图 2-12 所示。单击"打开"按钮或直接双击文件，即可打开所指定的图像文件，如图 2-13 所示。

图 2-12

图 2-13

3. 保存文件

编辑和制作完图像后，就需要对图像进行保存，以便于下次打开并继续操作。

选择"文件 > 存储"命令或按 Ctrl+S 组合键，可以存储文件。当设计好的作品为第 1 次存储时，选择"文件 > 存储"命令，将弹出"另存为"对话框，如图 2-14 所示，在对话框中输入文件名、选择好文件格式后，单击"保存"按钮，即可保存图像。

当对已存储过的图像文件进行各种编辑操作后，选择"文件 > 存储"命令，将不会弹出"另存为"对话框，计算机会直接保存最终确认的结果并覆盖原始文件。

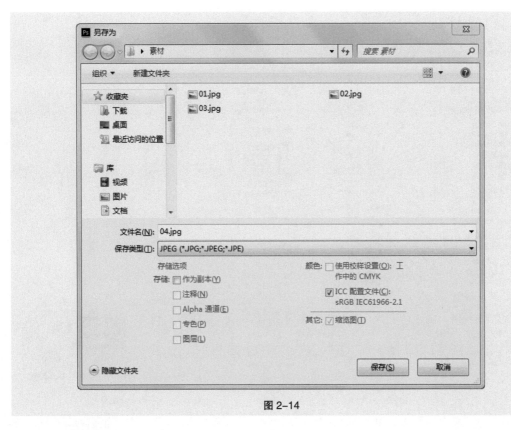

图 2-14

4. 关闭图像

图像存储完毕后，可以选择将其关闭。选择"文件 > 关闭"命令或按 Ctrl+W 组合键，即可关闭文件。关闭图像时，若当前文件被修改过或是新建的文件，则会弹出提示框，如图 2-15 所示，单击"是"按钮即可存储并关闭当前图像。

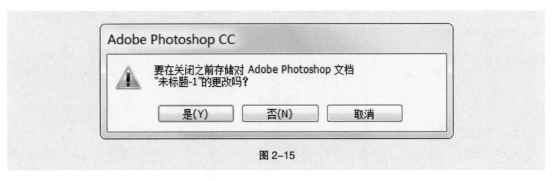

图 2-15

2.2.3 Photoshop 的工具箱

Photoshop CC 2018 的工具箱包括"选择"工具、"绘图"工具、"填充"工具、"编辑"工具、"颜色选择"工具、"屏幕视图"工具、"快速蒙版"工具等，如图 2-16 所示。想要了解每个工具的具体用法、名称和功能，可以将鼠标指针放置在具体工具的上方，此时会出现一个演示框，上面会显示该工具的具体用法、名称和功能，如图 2-17 所示。工具名称后面的括号中的字母代表选择此工具的快捷键，只要在键盘上按该字母键，就可以快速切换为相应的工具。

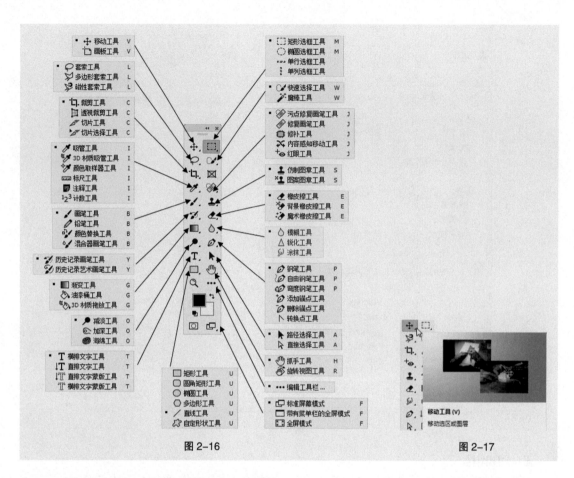

图 2-16 图 2-17

2.2.4 Photoshop 的常用工具

1. "移动"工具

"移动"工具可以将图层中的整幅图像或选定区域中的图像移动到指定位置。选择"移动"工具 ÷ 或按 V 键，其属性栏状态如图 2-18 所示。

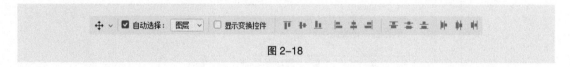

图 2-18

2. "缩放"工具

选择"缩放"工具 Q，图像窗口中的指针变为放大图标 Q，单击鼠标，图像会放大一倍。按住 Alt 键不放，指针变为缩小图标 Q。将指针置于图像上，单击鼠标，图像将缩小到一半，其属性栏状态如图 2-19 所示。

图 2-19

3. "抓手"工具

选择"抓手"工具 🖐，图像窗口中的鼠标指针变为抓手图标 🖐，如图 2-20 所示。在放大的图像中拖曳鼠标指针，可以观察图像的细节。

4. 前景色、背景色

Photoshop 中前景色与背景色的设置图标在工具箱的底部，位于前面的是前景色，位于后面的
是背景色，如图 2-21 所示。

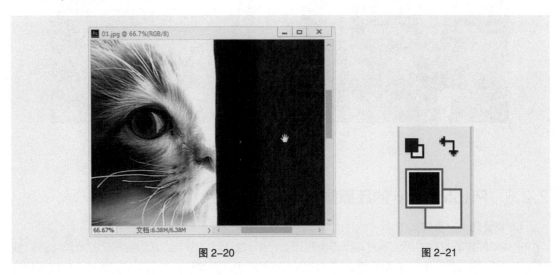

图 2-20   图 2-21

2.2.5　Photoshop 的辅助工具

1. 标尺的设置

标尺可以确定图像或元素的位置。打开一张图像，如图 2-22 所示。选择"视图 > 标尺"命令
或按 Ctrl+R 组合键，将显示标尺，如图 2-23 所示。

图 2-22   图 2-23

2. 参考线的设置

打开一张图像，选择"视图 > 标尺"命令或按 Ctrl+R 组合键，将显示标尺。在水平标尺上按住
鼠标左键不放并向下拖曳鼠标指针可以拖曳出水平参考线，如图 2-24 所示。用相似的方法在垂直标
尺上拖曳出垂直参考线，如图 2-25 所示。

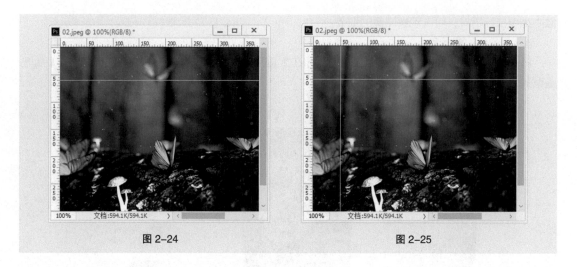

图 2-24   图 2-25

2.2.6　Photoshop 的还原操作

1.　恢复到上一步的操作

在编辑图像的过程中可以随时将操作恢复到上一步，也可以将图像还原到恢复前的效果。选择"编辑 > 还原"命令或按 Ctrl+Z 组合键，可以恢复到图像的上一步操作。如果想将图像还原到恢复前的效果，再按 Ctrl+Z 组合键即可。

2.　中断操作

当 Photoshop CC 正在进行图像处理时，想中断这次正在进行的操作，按 Esc 键即可。

3.　恢复到操作过程的任意步骤

"历史记录"控制面板可以将进行过多次处理操作的图像恢复到任意一步操作时的状态，即所谓的"多次恢复功能"。选择"窗口 > 历史记录"命令，弹出"历史记录"控制面板，如图 2-26 所示。

控制面板下方的按钮从左至右依次为"从当前状态创建新文档"按钮 ⬚ 、"创建新快照"按钮 ◙ 、"删除当前状态"按钮 🗑 。

单击控制面板右上方的图标 ≡ ，弹出"历史记录"控制面板的下拉命令菜单，如图 2-27 所示。"前进一步"命令用于将滑块向下移动一位，"后退一步"命令用于将滑块向上移动一位，"新建快照"命令用于根据当前滑块所指的操作记录建立新的快照，"删除"命令用于删除控制面板中滑块所指的操作记录，"清除历史记录"命令用于清除控制面板中除最后一条记录外的所有记录，"新建文档"命令用于由当前状态或快照建立新的文件，"历史记录选项"命令用于设置"历史记录"控制面板，"关闭"和"关闭选项卡组"命令分别用于关闭"历史记录"控制面板和控制面板所在的选项卡组。

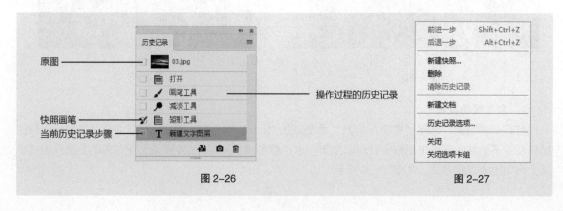

图 2-26   图 2-27

2.3 抠图

抠图有抠出、分离之意。在 Photoshop 中，可以借助抠图工具、抠图命令和选择方法将选取的图像中的一部分或多个部分分离出来。本节将通过讲解制作电商平台 App 主页 Banner、旅游出行公众号首图以及婚纱摄影类公众号运营海报 3 个案例，让读者快速掌握运用 Photoshop 抠图的方法。

2.3.1 课堂案例——制作电商平台 App 主页 Banner

【案例学习目标】学习使用"快速选择"工具选取图像，并应用"移动"工具移动图像。
【案例知识要点】使用"快速选择"工具绘制选区，使用"移动"工具移动选区中的图像，使用"横排文字"工具和"圆角矩形"工具添加相关信息，最终效果如图 2-28 所示。
【效果所在位置】Ch02/ 效果 / 制作电商平台 App 主页 Banner.psd。

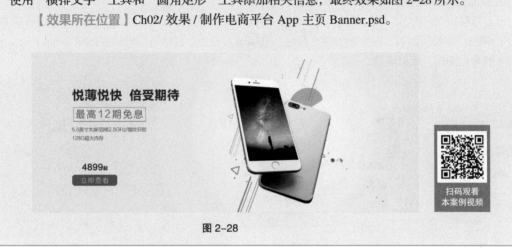

图 2-28

（1）按 Ctrl+O 组合键，打开云盘中的"Ch02/ 素材 / 制作电商平台 App 主页 Banner/01、02"文件，如图 2-29 和图 2-30 所示。

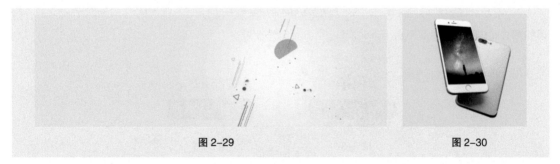

图 2-29　　　　　　　　　　　　　　　　　图 2-30

（2）在"02"图像窗口中，选择"快速选择"工具 ，在手机区域按住鼠标左键并拖曳鼠标，图像周围将生成选区，如图 2-31 所示。单击"从选区减去"按钮 ，在多选的区域按住鼠标左键并拖曳鼠标，即可实现从选区减去，效果如图 2-32 所示。

（3）选择"移动"工具 ，将选区中的图像拖曳到"01"图像窗口中的适当位置，按 Ctrl+T 组合键，在图像周围出现变换框，拖曳鼠标指针调整图像的大小和位置，按 Enter 键确定，效果如图 2-33 所示，在"图层"控制面板中生成新的图层并将其命名为"手机"。

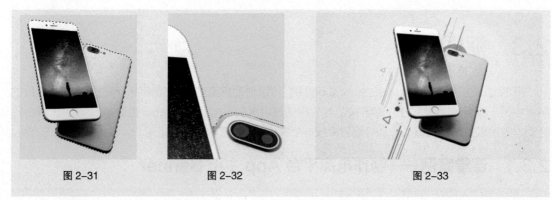

图 2-31　　　　　　　　　　图 2-32　　　　　　　　　　　　　　图 2-33

（4）按 Ctrl+O 组合键，打开云盘中的"Ch02/ 素材 / 制作电商平台 App 主页 Banner/03"文件。选择"移动"工具 ⊕，将"03"图像拖曳到"01"图像窗口中的适当位置，如图 2-34 所示，在"图层"控制面板中生成新的图层并将其命名为"文字信息"。

（5）选择"横排文字"工具 T，在适当的位置输入需要的文字并选取文字。选择"窗口 > 字符"命令，弹出"字符"面板，在面板中将"颜色"选项设为白色，其他选项的设置如图 2-35 所示。按 Enter 键确定操作，效果如图 2-36 所示，在"图层"控制面板中生成新的文字图层。

图 2-34　　　　　　　　　　图 2-35　　　　　　　　　　　　　图 2-36

（6）选择"圆角矩形"工具 ▢，在属性栏中的"选择工具模式"选项中选择"形状"，将"填充"选项设为红色（255、0、0），"描边"颜色设为无，"半径"选项设为 10 像素，在图像窗口中的适当位置绘制圆角矩形，如图 2-37 所示，在"图层"控制面板中生成新的形状图层"圆角矩形 1"。

（7）在"图层"控制面板中，将"圆角矩形 1"图层拖曳到"立即查看"文字图层的下方，效果如图 2-38 所示。电商平台 App 主页 Banner 制作完成。

图 2-37　　　　　　　　　　　图 2-38

2.3.2　课堂案例——制作旅游出行公众号首图

【案例学习目标】学习使用"魔棒"工具和"移动"工具来制作公众号首图。

【案例知识要点】使用"魔棒"工具、"移动"工具，调整图层的顺序并更换背景，使用"移动"工具添加文字信息，最终效果如图 2-39 所示。

【效果所在位置】Ch02/ 效果 / 制作旅游出行公众号首图 .psd。

图 2-39

（1）按 Ctrl+O 组合键，打开云盘中的"Ch02/ 素材 / 制作旅游出行公众号首图 /01、02"文件，如图 2-40 和图 2-41 所示。

图 2-40　　　　　　　　　　　　　　　　　图 2-41

（2）在"01"图像窗口中，双击"背景"图层，弹出"新建图层"对话框，设置如图 2-42 所示。单击"确定"按钮，将"背景"图层转换为普通图层，如图 2-43 所示。

图 2-42　　　　　　　　　　　　　　　　　图 2-43

（3）选择"魔棒"工具 ，在属性栏中将"容差"选项设为 60，单击图像窗口中的天空区域，图像周围将生成选区，如图 2-44 所示。按 Delete 键，将选区中的图像删除。按 Ctrl+D 组合键，取消选区，效果如图 2-45 所示。

图 2-44

图 2-45

（4）选择"移动"工具 🕂，将"02"图像拖曳到"01"图像窗口中的适当位置，在"图层"控制面板中生成新的图层并将其命名为"天空"，如图 2-46 所示。将"天空"图层拖曳到"城市"图层的下方，如图 2-47 所示。图像效果如图 2-48 所示。

图 2-46

图 2-47

图 2-48

（5）选中"城市"图层，按 Ctrl+O 组合键，打开云盘中的"Ch02/ 素材 / 制作旅游出行公众号首图 /03"文件。选择"移动"工具 🕂，将"03"图像拖曳到"01"图像窗口中的适当位置，在"图层"控制面板中生成新的图层并将其命名为"文字"，如图 2-49 所示。旅游出行公众号首图制作完成，效果如图 2-50 所示。

图 2-49

图 2-50

2.3.3 课堂案例——制作婚纱摄影类公众号运营海报

【案例学习目标】学习使用"通道"控制面板抠出婚纱图像。

【案例知识要点】使用"钢笔"工具绘制选区，使用"通道"控制面板和"计算"命令抠出婚纱图像，使用"色阶"命令调整图片，使用"置入嵌入对象"命令添加文字，使用"移动"工具调整图像位置，最终效果如图 2-51 所示。

【效果所在位置】Ch02/ 效果 / 制作婚纱摄影类公众号运营海报 .psd。

（1）按 Ctrl + N 组合键，新建一个文件，宽度为 750 像素，高度为 1181 像素，分辨率为 72 像素 / 英寸（1 英寸 =2.54cm），颜色模式为 RGB，背景内容为青色（129、216、207），单击"创建"按钮，新建文档。

（2）选择"矩形"工具 ▣，在属性栏的"选择工具模式"选项中选择"形状"，将"填充"颜色设为灰色（143、153、165），"描边"颜色设为无，在图像窗口中的适当位置绘制矩形，效果如图 2-52 所示，在"图层"控制面板中生成新的形状图层"矩形 1"。

（3）按 Ctrl+O 组合键，打开云盘中的"Ch02/ 素材 / 制作婚纱摄影类公众号运营海报 /01"文件，如图 2-53 所示。在"01"图像窗口中，双击"背景"图层，将"背景"图层转换为普通图层，如图 2-54 所示。

图 2-51

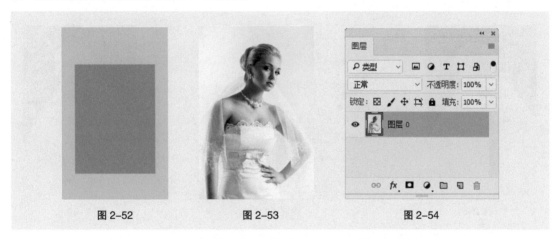

图 2-52　　　　　图 2-53　　　　　图 2-54

（4）选择"钢笔"工具 ⌀，在属性栏的"选择工具模式"选项中选择"路径"，沿着人物的轮廓绘制路径，绘制时要避开半透明的婚纱，如图 2-55 所示。使用相同的方法再次分别绘制路径，效果如图 2-56 所示。

（5）按 Ctrl+Enter 组合键，将路径转换为选区，如图 2-57 所示。单击"通道"控制面板下方的"将选区存储为通道"按钮 ▣，将选区存储为通道，如图 2-58 所示。按 Ctrl+D 组合键，取消选区。

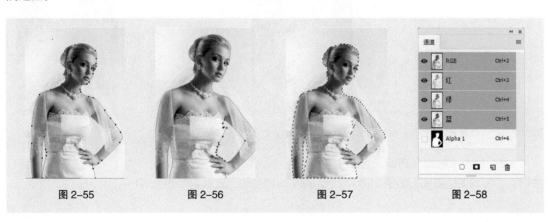

图 2-55　　　　图 2-56　　　　图 2-57　　　　图 2-58

（6）将"蓝"通道拖曳到"通道"控制面板下方的"创建新通道"按钮 ⬚ 上，复制通道，如图 2-59 所示。选择"钢笔"工具 ✐，绘制路径，如图 2-60 所示。按 Ctrl+Enter 组合键，将路径转换为选区。

（7）将前景色设为黑色。按 Shift+Ctrl+I 组合键，反选选区。按 Alt+Delete 组合键，用前景色填充选区。按 Ctrl+D 组合键，取消选区，效果如图 2-61 所示。选择"图像 > 计算"命令，在弹出的对话框中进行设置，如图 2-62 所示。单击"确定"按钮，得到新的通道图像，效果如图 2-63 所示。

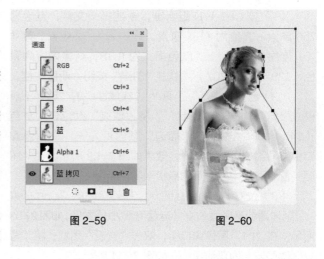

图 2-59　　　　　　　　图 2-60

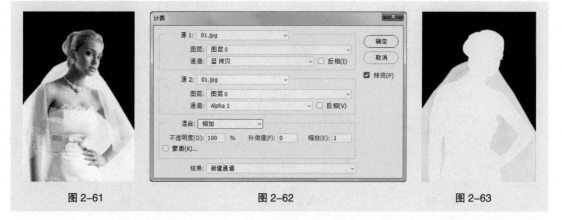

图 2-61　　　　　　　　图 2-62　　　　　　　　图 2-63

（8）选择"图像 > 调整 > 色阶"命令，在弹出的对话框中进行设置，如图 2-64 所示。单击"确定"按钮，效果如图 2-65 所示。按住 Ctrl 键的同时，单击"Alpha 2"通道的缩览图，如图 2-66 所示。载入婚纱选区，效果如图 2-67 所示。

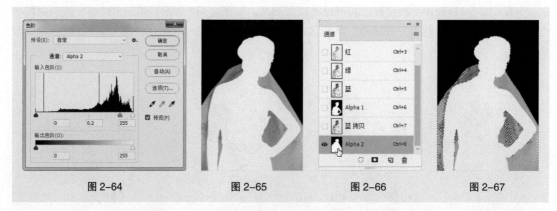

图 2-64　　　　　　图 2-65　　　　　　图 2-66　　　　　　图 2-67

（9）单击"RGB"通道，显示彩色图像。单击"图层"控制面板下方的"添加图层蒙版"按钮 ⬚，添加图层蒙版，如图 2-68 所示。抠出婚纱图像，效果如图 2-69 所示。

图 2-68　　　　　　　　　　　　　图 2-69

（10）选择"移动"工具 ⊕，将图像拖曳到新建的图像窗口中，在"图层"控制面板中生成新的图层并将其命名为"人物"，如图 2-70 所示。按 Ctrl+T 组合键，在图像周围出现变换框，拖曳鼠标指针调整图像的大小和位置，按 Enter 键确定操作，效果如图 2-71 所示。按 Alt+Ctrl+G 组合键，为"人物"图层创建剪贴蒙版，效果如图 2-72 所示。

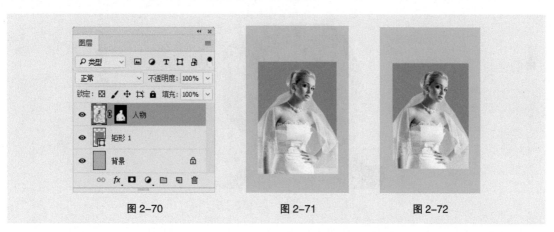

图 2-70　　　　　　　　图 2-71　　　　　　　　图 2-72

（11）选择"文件 > 置入嵌入对象"命令，弹出"置入嵌入的对象"对话框，选择云盘中的"Ch02/ 素材 / 制作婚纱摄影类公众号运营海报 /02"文件，单击"置入"按钮，将图片置入图像窗口中，将其拖曳到适当的位置，按 Enter 键确定操作，在"图层"控制面板中生成新的图层并将其命名为"文字 1"，效果如图 2-73 所示。用相同的方法置入其他文件，并分别将其命名为"文字 2"和"二维码"，如图 2-74 所示。婚纱摄影类公众号运营海报制作完成，最终效果如图 2-51 所示。

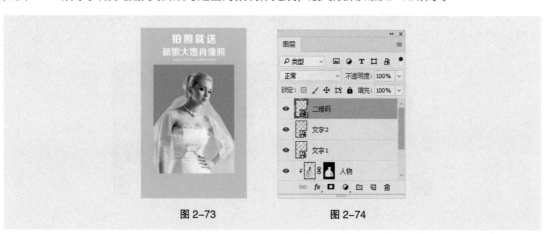

图 2-73　　　　　　　　　　　图 2-74

2.4　修图

修图是指对已有的图像进行修饰加工，这样不仅可以为原图增光添彩、弥补缺陷，还能轻松完成在拍摄中很难做到的特殊效果以及对图像的再次创作。本节将通过讲解制作娱乐媒体类公众号封面次图及美妆教学类公众号封面首图两个案例，帮助读者快速掌握运用 Photoshop 修图的方法。

2.4.1　课堂案例——制作娱乐媒体类公众号封面次图

【案例学习目标】学习使用多种修图工具修复人物照片。

【案例知识要点】使用"缩放"工具调整图像显示比例，使用"红眼"工具去除人物红眼，使用"污点修复画笔"工具修复雀斑和痘印，使用"修补"工具修复眼袋和颈部皱纹，使用"仿制图章"工具处理项链，最终效果如图 2-75 所示。

【效果所在位置】Ch02/ 效果 / 制作娱乐媒体类公众号封面次图 .psd。

图 2-75

（1）按 Ctrl+N 组合键，新建一个文件，宽度为 200 像素，高度为 200 像素，分辨率为 72 像素 / 英寸，颜色模式为 RGB，背景内容为白色，单击"创建"按钮，新建文档。

（2）按 Ctrl+O 组合键，打开云盘中的"Ch02/ 素材 / 制作娱乐媒体类公众号封面次图 /01"文件，如图 2-76 所示。按 Ctrl+J 组合键，复制"背景"图层，在"图层"控制面板中生成新的图层并将其命名为"图层 1"。

（3）选择"缩放"工具 🔍，在图像窗口中鼠标指针将变为放大图标 🔍，单击鼠标将图片放大，如图 2-77 所示。

图 2-76　　　　　　　　　　图 2-77

（4）选择"红眼"工具 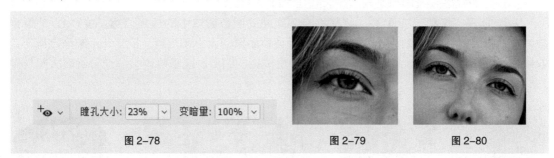，属性栏中的设置如图 2-78 所示，在人物的左侧眼睛上单击鼠标，去除红眼，效果如图 2-79 所示。用相同的方法去除右侧的红眼，效果如图 2-80 所示。

图 2-78　　　　　　　　　图 2-79　　　　　　　图 2-80

（5）选择"污点修复画笔"工具，将鼠标指针放置在要修复的污点上，如图 2-81 所示，单击鼠标，去除污点，效果如图 2-82 所示。用相同的方法继续去除脸部的所有雀斑、痘印，效果如图 2-83 所示。

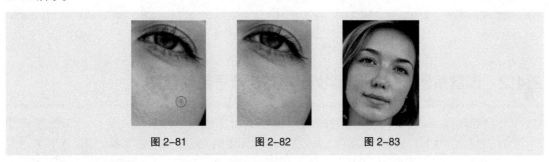

图 2-81　　　　　　图 2-82　　　　　　图 2-83

（6）选择"修补"工具，在图像窗口中圈选眼袋部分，如图 2-84 所示，在选区中按住鼠标左键不放并将其拖曳到适当的位置，如图 2-85 所示，释放鼠标左键，即可修复眼袋。按 Ctrl+D 组合键，取消选区，效果如图 2-86 所示。用相同的方法继续修复眼袋、颈部皱纹，效果如图 2-87 所示。

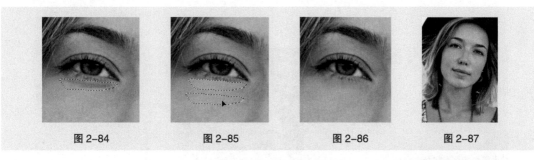

图 2-84　　　　　图 2-85　　　　　图 2-86　　　　　图 2-87

（7）选择"仿制图章"工具，在属性栏中单击"画笔"选项，弹出画笔面板，选择需要的画笔形状并设置其大小，如图 2-88 所示。将鼠标指针放置在颈部需要取样的位置，按住 Alt 键的同时，指针变为圆形十字图标，如图 2-89 所示，单击鼠标以确定取样点。

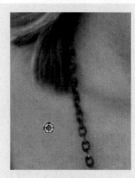

图 2-88　　　　　　　图 2-89

（8）将指针放置在需要处理的项链上，如图 2-90 所示，单击鼠标消除项链，效果如图 2-91 所示。用相同的方法继续消除颈部的项链，效果如图 2-92 所示。

（9）选择"移动"工具 ⊕，将其拖曳到新建的图像窗口中的适当位置。按 Ctrl+T 组合键，在图像周围将出现变换框，拖曳鼠标指针调整图像的大小和位置，按 Enter 键确定操作，效果如图 2-93 所示，在"图层"控制面板中生成新的图层。娱乐媒体类公众号封面次图制作完成。

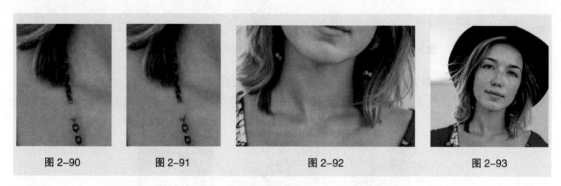

图 2-90　　　　　　图 2-91　　　　　　　　图 2-92　　　　　　　　　图 2-93

2.4.2　课堂案例——制作美妆教学类公众号封面首图

【案例学习目标】学习使用多种润饰工具调整封面首图。

【案例知识要点】使用"缩放"工具调整图像显示比例，使用"模糊"工具、"锐化"工具、"涂抹"工具、"减淡"工具、"加深"工具和"海绵"工具修饰图像，最终效果如图 2-94 所示。

扫码观看
本案例视频

【效果所在位置】Ch02/ 效果 / 制作美妆教学类公众号封面首图 .psd。

图 2-94

（1）按 Ctrl+N 组合键，新建一个文件，宽度为 900 像素，高度为 383 像素，分辨率为 72 像素 / 英寸，颜色模式为 RGB，背景内容为白色，单击"创建"按钮，新建文档。

（2）按 Ctrl+O 组合键，打开云盘中的"Ch02/ 素材 / 制作美妆教学类公众号封面首图 /01"文件，如图 2-95 所示。选择"移动"工具 ⊕，将其拖曳到新建的图像窗口中的适当位置，在"图层"控制面板中生成新的图层并将其命名为"人物"，如图 2-96 所示。

图 2-95   图 2-96

（3）选择"模糊"工具 ，在属性栏中单击"画笔"选项，在弹出的画笔面板中选择需要的画笔形状并设置其大小，如图 2-97 所示。在人物脸部涂抹，让脸部图像变得自然柔和，效果如图 2-98 所示。

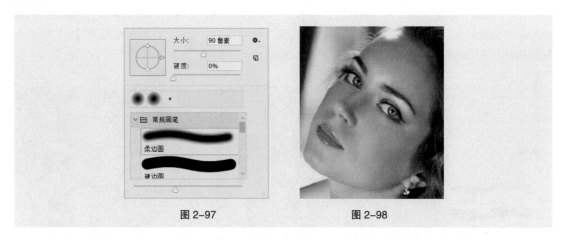

图 2-97   图 2-98

（4）选择"锐化"工具 ，在属性栏中单击"画笔"选项，在弹出的画笔面板中选择需要的画笔形状并设置其大小，如图 2-99 所示。在图像中的头发上拖曳鼠标指针，使秀发更清晰，效果如图 2-100 所示。用相同的方法对图像的其他部分进行锐化，效果如图 2-101 所示。

图 2-99   图 2-100   图 2-101

（5）选择"涂抹"工具 ，在属性栏中单击"画笔"选项，在弹出的画笔面板中选择需要的画笔形状并设置其大小，如图 2-102 所示。在图像中的下颌及脖子上拖曳鼠标指针，调整人物的下颌及脖子形态，效果如图 2-103 所示。

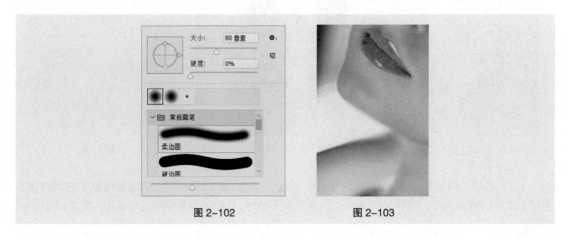

图 2-102 　　　　　　　　　　　图 2-103

（6）选择"减淡"工具 ，在属性栏中单击"画笔"选项，在弹出的画笔面板中选择需要的画笔形状并设置其大小，如图 2-104 所示。将"范围"选项设为中间调。在图像左眼的眼白区域拖曳鼠标指针，效果如图 2-105 所示。用相同的方法调整另一只眼睛，效果如图 2-106 所示。

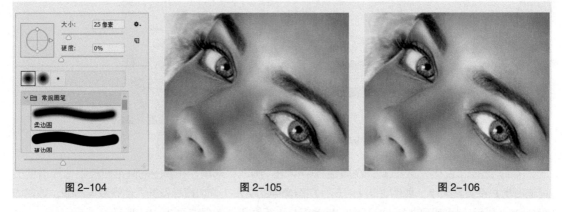

图 2-104 　　　　　　　　　　图 2-105 　　　　　　　　　　图 2-106

（7）选择"加深"工具 ，在属性栏中单击"画笔"选项，在弹出的画笔面板中选择需要的画笔形状并设置其大小，如图 2-107 所示。在属性栏中将"范围"选项设为阴影，"曝光度"选项设为 30%。在图像中的唇部拖曳鼠标指针以加深唇色，效果如图 2-108 所示。用相同的方法加深眼球部分的颜色，效果如图 2-109 所示。

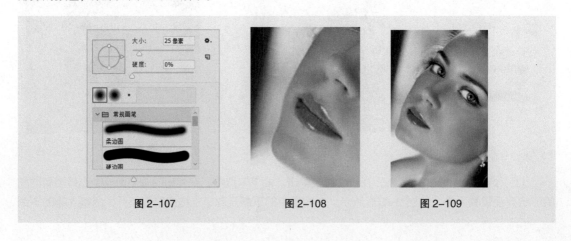

图 2-107 　　　　　　　　　　图 2-108 　　　　　　　　　　图 2-109

（8）选择"海绵"工具 ，在属性栏中单击"画笔"选项，在弹出的画笔面板中选择需要的画笔形状并设置其大小，如图 2-110 所示。在属性栏中将"模式"选项设为加色。在图像中的头发上拖曳鼠标指针，为秀发加色，效果如图 2-111 所示。用相同的方法为图像中的其他部分加色，效果如图 2-112 所示。

图 2-110   图 2-111   图 2-112

（9）选择"滤镜 > 液化"命令，弹出"液化"对话框。选择"向前变形"工具 ，在"画笔工具选项"选项组中，将"大小"选项设为 50，"浓度"选项设为 50，"压力"选项设为 100，如图 2-113 所示，在画面的右侧脸颊处向内拖曳鼠标指针，使脸颊变瘦。单击"确定"按钮，效果如图 2-114 所示。

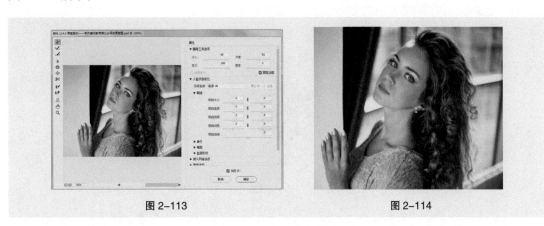

图 2-113   图 2-114

（10）按 Ctrl+O 组合键，打开云盘中的"Ch02/ 素材 / 制作美妆教学类公众号封面首图 /02"文件。选择"移动"工具 ，将其拖曳到新建的图像窗口中的适当位置，在"图层"控制面板中生成新的图层并将其命名为"文字"，如图 2-115 所示。美妆教学类公众号封面首图制作完成，效果如图 2-116 所示。

图 2-115   图 2-116

2.5 调色

数码相机由于其本身原理和构造的特殊性，加之摄影者技术方面的原因，拍摄出来的照片往往存在曝光不足、画面黯淡、偏色等问题。在 Photoshop 中，使用调整命令可以解决原始照片的这些问题，还可以根据创作意图改变图像整体或局部的颜色以及更改图片的意境等。本节将通过讲解制作箱包类网店详情页主图以及汽车工业行业活动邀请 H5 两个案例，让读者快速掌握运用 Photoshop 调色的方法。

2.5.1 课堂案例——制作箱包类网店详情页主图

【案例学习目标】学习使用多种调色命令调整图像的色调。
【案例知识要点】使用"色相 / 饱和度"命令调整照片的色调，效果如图 2-117 所示。
【效果所在位置】Ch02/ 效果 / 制作箱包类网店详情页主图 .psd。

（1）按 Ctrl+N 组合键，新建一个文件，宽度为 800 像素，高度为 800 像素，分辨率为 72 像素 / 英寸，颜色模式为 RGB，背景内容为白色，单击"创建"按钮，新建文档。

（2）按 Ctrl+O 组合键，打开云盘中的"Ch02/ 素材 / 制作箱包类网店详情页主图 /01"文件，如图 2-118 所示。选择"移动"工具 ⊕，将其拖曳到新建的图像窗口中的适当位置，在"图层"控制面板中生成新的图层并将其命名为"包包"，如图 2-119 所示。

图 2-117　　　　　　　　　图 2-118　　　　　　　　　图 2-119

（3）选择"图像 > 调整 > 色相 / 饱和度"命令，在弹出的对话框中进行设置，如图 2-120 所示。单击"颜色"选项，在打开的下拉列表中选择"红色"选项，切换到相应的对话框中进行设置，如图 2-121 所示。

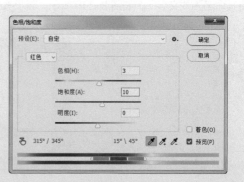

图 2-120　　　　　　　　　　　　　　图 2-121

（4）单击"颜色"选项，在打开的下拉列表中选择"黄色"选项，切换到相应的对话框中进行设置，如图2-122所示。单击"颜色"选项，在打开的下拉列表中选择"青色"选项，切换到相应的对话框中进行设置，如图2-123所示。

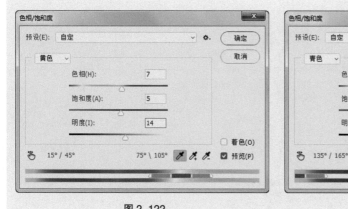

图 2-122

图 2-123

（5）单击"颜色"选项，在打开的下拉列表中选择"蓝色"选项，切换到相应的对话框中进行设置，如图2-124所示。单击"颜色"选项，在打开的下拉列表中选择"洋红"选项，切换到相应的对话框中进行设置，如图2-125所示。单击"确定"按钮，效果如图2-126所示。

图 2-124

图 2-125

图 2-126

（6）单击"图层"控制面板下方的"添加图层样式"按钮 _fx_，在弹出的菜单中选择"投影"命令。弹出对话框，将投影颜色设为黑色，其他选项的设置如图 2-127 所示。单击"确定"按钮，效果如图 2-128 所示。

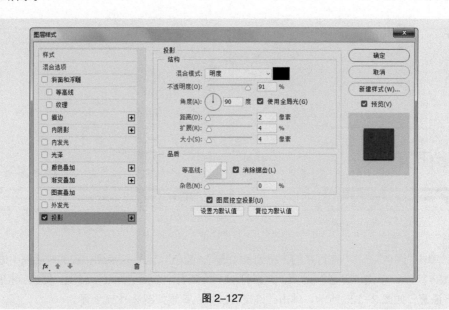

图 2-127

（7）按 Ctrl+O 组合键，打开云盘中的"Ch02/ 素材 / 制作箱包类网店详情页主图 /02"文件，如图 2-129 所示。选择"移动"工具 _⊕_，将"02"文件拖曳到图像窗口中的适当位置，在"图层"控制面板中生成新图层并将其命名为"文字"。箱包类网店详情页主图制作完成，最终效果如图 2-117 所示。

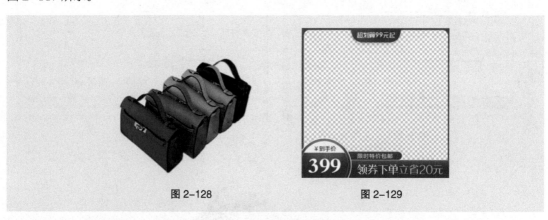

图 2-128   图 2-129

2.5.2　课堂案例——制作汽车工业行业活动邀请 H5

【案例学习目标】学习使用不同的调整工具对图像进行调色，并应用"移动"工具来移动图像。

【案例知识要点】使用"曲线""色彩平衡""照片滤镜"等命令对图像进行调色，使用"钢笔"工具抠出汽车图像，最终效果如图 2-130 所示。

【效果所在位置】Ch02/ 效果 / 制作汽车工业行业活动邀请 H5.psd。

扫码观看
本案例视频

图 2-130

（1）按 Ctrl+N 组合键，新建一个文件，宽度为 750 像素，高度为 1206 像素，分辨率为 72 像素 / 英寸，颜色模式为 RGB，背景内容为白色，单击"创建"按钮，新建文档。

（2）按 Ctrl+O 组合键，打开云盘中的"Ch02/ 素材 / 制作汽车工业行业活动邀请 H5/01"文件，如图 2-131 所示。选择"移动"工具 ⊕，将"01"图像拖曳到新建的图像窗口中，在"图层"控制面板中生成新的图层并将其命名为"汽车"。

（3）单击"图层"控制面板下方的"创建新的填充或调整图层"按钮 ●，在弹出的菜单中选择"曲线"命令。在"图层"控制面板中生成"曲线 1"图层，同时弹出"曲线"面板，在曲线上单击以添加控制点，将"输入"选项设为 206，"输出"选项设为 189；在曲线上再次单击以添加控制点，将"输入"选项设为 119，"输出"选项设为 133；在曲线上第 3 次单击以添加控制点，将"输入"选项设为 44，"输出"选项设为 75，如图 2-132 所示，按 Enter 键确定操作。在"图层"控制面板上方，将"曲线 1"图层的"不透明度"选项设为 15%，按 Enter 键确定操作，效果如图 2-133 所示。

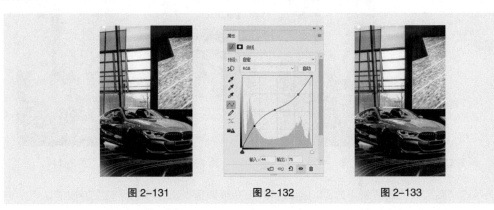

图 2-131　　　　　　　图 2-132　　　　　　　图 2-133

（4）单击"图层"控制面板下方的"创建新的填充或调整图层"按钮 ●，在弹出的菜单中选择"曲线"命令。在"图层"控制面板中生成"曲线 2"图层，同时弹出"曲线"面板，在曲线上单击以添加控制点，将"输入"选项设为 204，"输出"选项设为 119；在曲线上再次单击以添加控制点，将"输入"选项设为 32，"输出"选项设为 74，如图 2-134 所示，按 Enter 键确定操作。在"图层"控制面板上方，将"曲线 2"图层的"不透明度"选项设为 15%，按 Enter 键确定操作，效果如图 2-135 所示。

（5）单击"图层"控制面板下方的"创建新的填充或调整图层"按钮 ●，在弹出的菜单中选择

"色彩平衡"命令。在"图层"控制面板中生成"色彩平衡1"图层，同时弹出"色彩平衡"面板，设置如图2-136所示，按Enter键确定操作。在"图层"控制面板上方，将"色彩平衡1"图层的"不透明度"选项设为15%，按Enter键确定操作，效果如图2-137所示。

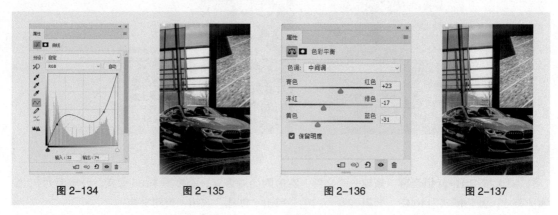

| 图2-134 | 图2-135 | 图2-136 | 图2-137 |

（6）单击"图层"控制面板下方的"创建新的填充或调整图层"按钮 ，在弹出的菜单中选择"照片滤镜"命令。在"图层"控制面板中生成"照片滤镜1"图层，同时弹出"照片滤镜"面板，设置如图2-138所示，按Enter键确定操作。在"图层"控制面板上方，将"照片滤镜1"图层的"不透明度"选项设为15%，按Enter键确定操作，效果如图2-139所示。

（7）单击"图层"控制面板下方的"创建新的填充或调整图层"按钮 ，在弹出的菜单中选择"渐变映射"命令。在"图层"控制面板中生成"渐变映射1"图层，同时弹出"渐变映射"面板，设置如图2-140所示，按Enter键确定操作。在"图层"控制面板上方，将"渐变映射1"图层的"不透明度"选项设为15%，按Enter键确定操作，效果如图2-141所示。

| 图2-138 | 图2-139 | 图2-140 | 图2-141 |

（8）单击"图层"控制面板下方的"创建新的填充或调整图层"按钮 ，在弹出的菜单中选择"色彩平衡"命令。在"图层"控制面板中生成"色彩平衡2"图层，同时弹出"色彩平衡"面板，设置如图2-142所示，按Enter键确定操作。在"图层"控制面板上方，将"色彩平衡"图层的"不透明度"选项设为15%，按Enter键确定操作，效果如图2-143所示。

（9）单击"图层"控制面板下方的"创建新的填充或调整图层"按钮 ，在弹出的菜单中选择"色彩平衡"命令。在"图层"控制面板中生成"色彩平衡3"图层，同时弹出"色彩平衡"面板，设置如图2-144所示，按Enter键确定操作。在"图层"控制面板上方，将"色彩平衡3"图层的"不透明度"选项设为15%，按Enter键确定操作，效果如图2-145所示。

| 图 2-142 | 图 2-143 | 图 2-144 | 图 2-145 |

（10）选中"汽车"图层。按 Ctrl+J 组合键，复制图层，在"图层"控制面板生成"汽车 拷贝"。将"汽车 拷贝"图层拖曳至"色彩平衡 3"图层的上方。选择"钢笔"工具 ，在属性栏的"选择工具模式"选项中选择"路径"，在图像窗口中沿车身绘制路径，按 Ctrl+Enter 组合键，将路径转换为选区，如图 2-146 所示。按 Shift+Ctrl+I 组合键，反选选区。按 Delete 键，删除选区内部图像。按 Ctrl+D 组合键，取消选区，效果如图 2-147 所示。

（11）按 Ctrl+O 组合键，打开云盘中的"Ch02/ 素材 / 制作汽车工业行业活动邀请 H5/02"文件，如图 2-148 所示。选择"移动"工具 ，将"02"文件拖曳到图像窗口中的适当位置，在"图层"控制面板中生成新图层并将其命名为"文字"，效果如图 2-149 所示。汽车工业行业活动邀请 H5 制作完成。

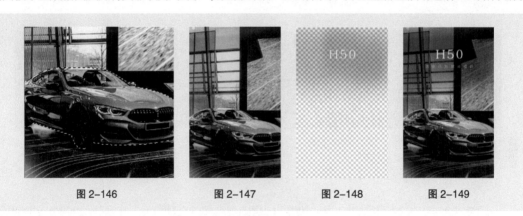

| 图 2-146 | 图 2-147 | 图 2-148 | 图 2-149 |

2.6　合成

　　合成是将两幅或多幅图像通过适当的合成工具和面板合并成一幅图像，以制作出符合设计者要求的独特设计效果。本节将通过讲解制作家电网站首页 Banner、饰品类公众号封面首图以及电子产品网站详情页主图 3 个案例，让读者快速掌握运用 Photoshop 合成图像的方法。

2.6.1　课堂案例——制作家电网站首页 Banner

　　【案例学习目标】学习使用混合模式和图层蒙版制作效果。
　　【案例知识要点】使用"移动"工具移动图像，使用图层混合模式制作合成效果，最终效果如图 2-150 所示。
　　【效果所在位置】Ch02/ 效果 / 制作家电网站首页 Banner.psd。

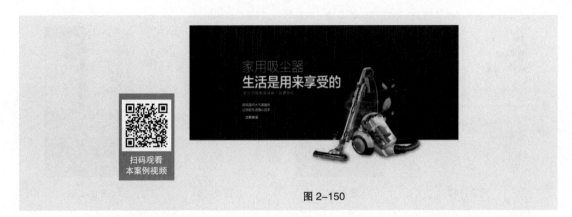

图 2-150

（1）按 Ctrl+N 组合键，新建一个文件，宽度为 1920 像素，高度为 1080 像素，分辨率为 72 像素 / 英寸，颜色模式为 RGB，背景内容设为白色，单击"创建"按钮，新建文档。

（2）选择"矩形"工具 ▭，在属性栏中的"选择工具模式"选项中选择"形状"，将"填充"颜色设为灰色（33、33、33），"描边"颜色设为无，在图像窗口中的适当位置绘制矩形，如图 2-151 所示，在"图层"控制面板中生成新的形状图层并将其命名为"矩形 1"。

（3）按 Ctrl+O 组合键，打开云盘中的"Ch02/ 素材 / 制作家电网站首页 Banner/01、02"文件。选择"移动"工具 ✛，分别将"01"和"02"图像拖曳到新建的图像窗口中的适当位置，效果如图 2-152 所示，在"图层"控制面板中分别生成新图层并将其命名为"吸尘器"和"效果"。

图 2-151   图 2-152

（4）在"图层"控制面板上方，将"效果"图层的混合模式选项设为"强光"，如图 2-153 所示。设置后的图像效果如图 2-154 所示。

图 2-153

图 2-154

（5）选中"吸尘器"图层，单击"图层"控制面板下方的"添加图层样式"按钮 *fx.*，在弹出的菜单中选择"投影"命令，弹出对话框，将投影颜色设为黑色，其他选项的设置如图 2-155 所示。单击"确定"按钮，效果如图 2-156 所示。

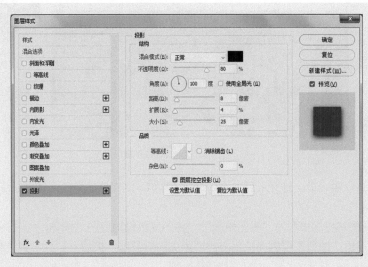

图 2-155

（6）按 Ctrl+O 组合键，打开云盘中的"Ch02/ 素材 / 制作家电网站首页 Banner/03"文件。选择"移动"工具 ⊕，将"03"图像拖曳到图像窗口中的适当位置，效果如图 2-157 所示，在"图层"控制面板中生成新图层并将其命名为"文字"。

（7）在"图层"控制面板上方，将"文字"图层的混合模式选项设为"浅色"。家电网站首页 Banner 制作完成，图像最终效果如图 2-150 所示。

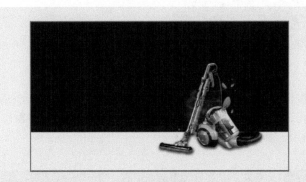

图 2-156

图 2-157

2.6.2 课堂案例——制作饰品类公众号封面首图

【案例学习目标】学习使用图层蒙版工具制作公众号封面首图。

【案例知识要点】使用"填充"命令和"渐变"工具制作图片融合效果，使用"变换"命令和创建图层蒙版的方法制作倒影，最终效果如图 2-158 所示。

【效果所在位置】Ch02/ 效果 / 制作饰品类公众号封面首图 .psd。

图 2-158

（1）按 Ctrl+O 组合键，打开云盘中的"Ch02/ 素材 / 制作饰品类公众号封面首图 /01"文件，如图 2-159 所示。

（2）新建图层并将其命名为"黑色矩形"。将前景色设为黑色，按 Alt+Delete 组合键，用前景色填充图层。单击"图层"控制面板下方的"添加图层蒙版"按钮 ▫，为"黑色矩形"图层添加图层蒙版，如图 2-160 所示。

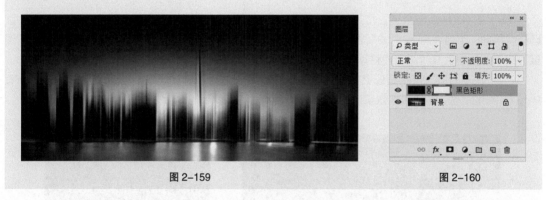

图 2-159

图 2-160

（3）选择"渐变"工具 ▪，单击属性栏中的"点按可编辑渐变"按钮 ▬，弹出"渐变编辑器"对话框，将渐变色设为从黑色到白色，如图 2-161 所示，单击"确定"按钮。在图像窗口中从下向上拖曳渐变色，效果如图 2-162 所示。

图 2-161

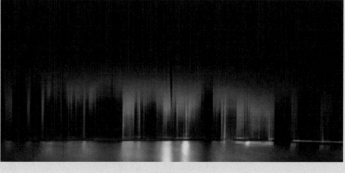

图 2-162

（4）按 Ctrl+O 组合键，打开云盘中的"Ch02/ 素材 / 制作饰品类公众号封面首图 /02"文件。选择"移动"工具 ⊕，将"02"图像拖曳到"01"图像窗口中的适当位置并调整其大小，效果如图 2-163 所示，在"图层"控制面板中生成新图层并将其命名为"银表"。

（5）按 Ctrl+J 组合键，复制图层，在"图层"控制面板中生成新的图层"银表 拷贝"，将"银表 拷贝"图层拖曳到"银表"图层的下方，如图 2-164 所示。

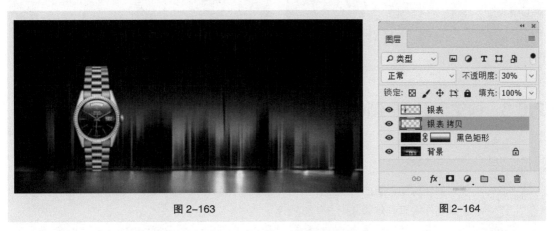

图 2-163   图 2-164

（6）按 Ctrl+T 组合键或使用"变换"命令，在图像周围出现变换框，右击鼠标，在弹出的菜单中选择"垂直翻转"命令，即可垂直翻转图像，将其拖曳到适当的位置，按 Enter 键确定操作，效果如图 2-165 所示。单击"图层"控制面板下方的"添加图层蒙版"按钮 ▢，为"银表 拷贝"图层添加图层蒙版。

（7）选择"渐变"工具 ▩，在图像窗口中由下至上拖曳渐变色，效果如图 2-166 所示。在"图层"控制面板上方，将"银表 拷贝"图层的"不透明度"选项设为 30%，按 Enter 键确定操作，效果如图 2-167 所示。

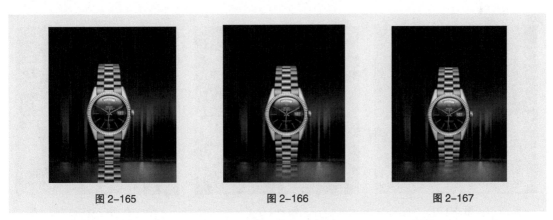

图 2-165   图 2-166   图 2-167

（8）使用上述方法，打开云盘中的"Ch02/ 素材 / 制作饰品类公众号封面首图 /03"文件并制作出倒影效果，如图 2-168 所示，在"图层"控制面板中分别生成新的图层。

（9）按 Ctrl+O 组合键，打开云盘中的"Ch02/ 素材 / 制作饰品类公众号封面首图 /04"文件，选择"移动"工具 ⊕，将"04"图像拖曳到图像窗口中的适当位置，效果如图 2-169 所示，在"图层"控制面板中生成新图层并将其命名为"文字"。饰品类公众号封面首图制作完成。

图 2-168

图 2-169

2.6.3 课堂案例——制作电子产品网站详情页主图

扫码观看
本案例视频

【案例学习目标】学习使用混合模式和图层蒙版制作网站详情页主图。

【案例知识要点】使用"移动"工具移动图像，使用"矩形选框"工具绘制选区，使用创建剪贴蒙版的方法制作电视屏幕效果，使用"钢笔"工具、图层蒙版和"画笔"工具制作阴影，效果如图 2-170 所示。

【效果所在位置】Ch02/ 效果 / 制作电子产品网站详情页主图 .psd。

（1）按 Ctrl+O 组合键，打开云盘中的"Ch02/ 素材 / 制作电子产品网站详情页主图 /01、02"文件。选择"移动"工具 ⊕，将"02"图像拖曳到"01"图像窗口中的适当位置，效果如图 2-171 所示，在"图层"控制面板中生成新图层并将其命名为"笔记本"。

（2）选择"钢笔"工具 ⊘，在属性栏的"选择工具模式"选项中选择"形状"，将"填充"选项设为黑色，在图像窗口中绘制形状，如图 2-172 所示，在"图层"控制面板中生成新的形状图层并将其命名为"阴影"。

图 2-170

图 2-171

图 2-172

（3）单击"图层"控制面板下方的"添加图层蒙版"按钮 ▫，为"阴影"图层添加图层蒙版，如图 2-173 所示。将前景色设为黑色。选择"画笔"工具 ✎，在属性栏中单击"画笔"选项，弹出画笔面板，选择需要的画笔形状并设置其大小，如图 2-174 所示。在图像窗口中拖曳鼠标指针以擦除不需要的图像，效果如图 2-175 所示。

（4）在"图层"控制面板中，将"阴影"图层拖曳到"笔记本"图层的下方，如图 2-176 所示。设置后的图像效果如图 2-177 所示。

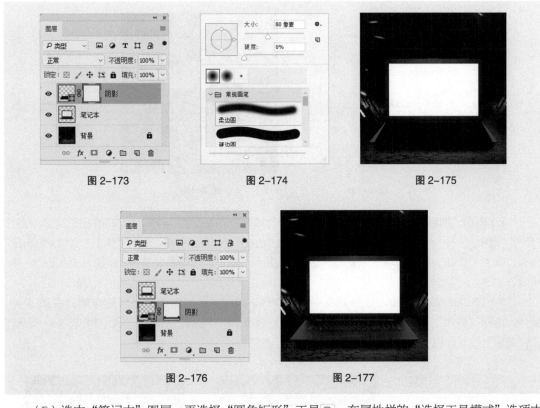

图 2-173　　　　　　　　　图 2-174　　　　　　　　　图 2-175

图 2-176　　　　　　　　　　　图 2-177

（5）选中"笔记本"图层，再选择"圆角矩形"工具 ⬜，在属性栏的"选择工具模式"选项中选择"形状"，将"填充"选项设为黑色，"描边"选项设为无，"半径"选项设为 1 像素，在图像窗口中绘制一个圆角矩形，效果如图 2-178 所示，在"图层"控制面板中生成新的图层并将其命名为"圆角矩形 1"。

（6）按 Ctrl+O 组合键，打开云盘中的"Ch02/ 素材 / 制作电子产品网站详情页主图 /03"文件，选择"移动"工具 ✛，将图像拖曳到图像窗口中的适当位置，效果如图 2-179 所示，在"图层"控制面板中生成新图层并将其命名为"图片"。按 Alt+Ctrl+G 组合键，为"图片"图层创建剪贴蒙版，效果如图 2-180 所示。

图 2-178　　　　　　　　　图 2-179　　　　　　　　　图 2-180

（7）单击"图层"控制面板下方的"创建新的填充或调整图层"按钮 ◐，在弹出的菜单中选择"色阶"命令。在"图层"控制面板中生成"色阶 1"图层，同时弹出"色阶"面板，单击 ⬚ 按钮，其他选项的设置如图 2-181 所示。按 Enter 键确定操作，图像效果如图 2-182 所示。

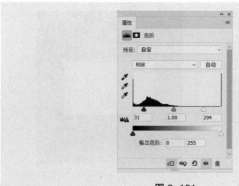

图 2-181　　　　　　　　　　　　　　　　图 2-182

（8）单击"图层"控制面板下方的"创建新的填充或调整图层"按钮 ⊘，在弹出的菜单中选择"色相/饱和度"命令。在"图层"控制面板中生成"色相/饱和度1"图层，同时弹出"色相/饱和度"面板，单击 ▣ 按钮，其他选项的设置如图 2-183 所示。按 Enter 键确定操作，图像效果如图 2-184 所示。

（9）按 Ctrl+O 组合键，打开云盘中的"Ch02/素材/制作电子产品网站详情页主图/04"文件。选择"移动"工具 ⊕，将"04"图像拖曳到图像窗口中的适当位置，效果如图 2-185 所示，在"图层"控制面板中生成新图层并将其命名为"人物"。

图 2-183　　　　　　　　　图 2-184　　　　　　　　　图 2-185

（10）单击"图层"控制面板下方的"添加图层蒙版"按钮 ▣，为"人物"图层添加图层蒙版，如图 2-186 所示。将前景色设为黑色。选择"矩形选框"工具 ▣，绘制矩形选区，如图 2-187 所示。按 Alt+Delete 组合键，将选区内容隐藏。按 Ctrl+D 组合键，取消选区，效果如图 2-188 所示。

图 2-186　　　　　　　　　图 2-187　　　　　　　　　图 2-188

（11）单击"图层"控制面板下方的"创建新的填充或调整图层"按钮 ◐，在弹出的菜单中选择"色阶"命令。在"图层"控制面板中生成"色阶 2"图层，同时弹出"色阶"面板，单击 ◨ 按钮，其他选项的设置如图 2-189 所示。按 Enter 键确定操作，图像效果如图 2-190 所示。

（12）新建图层并将其命名为"脚印"。选择"画笔"工具 ✐，在属性栏中单击"画笔"选项，弹出画笔面板，选择需要的画笔形状并设置其大小，如图 2-191 所示。在图像窗口中拖曳鼠标指针绘制脚印，效果如图 2-192 所示。

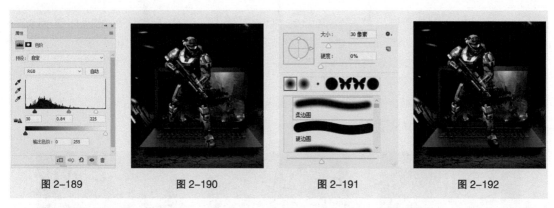

图 2-189　　　　　　图 2-190　　　　　　图 2-191　　　　　　图 2-192

（13）在"图层"控制面板中，将"脚印"图层拖曳到"人物"图层的下方，如图 2-193 所示。设置后的图像效果如图 2-194 所示。

（14）按 Ctrl+O 组合键，打开云盘中的"Ch02/ 素材 / 制作电子产品网站详情页主图 /05"文件，如图 2-195 所示。选择"移动"工具 ⊹，将"05"图像拖曳到图像窗口中的适当位置，在"图层"控制面板中生成新图层并将其命名为"文字"。电子产品网站详情页主图制作完成，最终效果如图 2-170 所示。

图 2-193　　　　　　　　图 2-194　　　　　　　　图 2-195

2.7　特效

特效是指根据创意设计的需求，使用 Photoshop 强大的特效工具和命令，对图像、文字、色彩等进行特殊效果的制作。特效可以为作品增添魅力。本节将通过讲解制作美妆饰品类网店详情页主图及文化传媒类公众号封面首图两个案例，让读者快速掌握运用 Photoshop 制作特效的方法。

2.7.1 课堂案例——制作美妆饰品类网店详情页主图

【案例学习目标】学习使用"高斯模糊"命令和"椭圆选框"工具制作图像特效。
【案例知识要点】使用"钢笔"工具和"高斯模糊"命令制作形状，使用"椭圆选框"工具和混合模式制作高光效果，使用图层蒙版和"画笔"工具制作纹理，使用"移动"工具移动图像，最终效果如图 2-196 所示。
【效果所在位置】Ch02/ 效果 / 制作美妆饰品类网店详情页主图 .psd。

（1）按 Ctrl+O 组合键，打开云盘中的"Ch02/ 素材 / 制作美妆饰品类网店详情页主图 /01"文件，如图 2-197 所示。新建图层并将其命名为"形状"。将前景色设为黑色。选择"钢笔"工具 ，在属性栏中的"选择工具模式"选项中选择"路径"，在图像窗口中绘制需要的路径，效果如图 2-198 所示。

（2）按 Ctrl+Enter 组合键，将路径转换为选区。按 Alt+Delete 组合键，用前景色填充选区，如图 2-199 所示。按 Ctrl+D 组合键，取消选区。

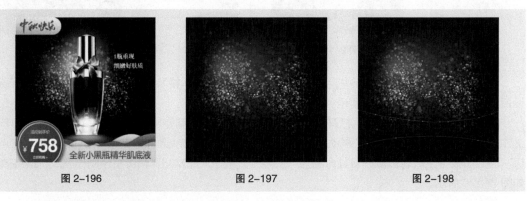

图 2-196   图 2-197   图 2-198

（3）选择"滤镜 > 模糊 > 高斯模糊"命令，在弹出的对话框中进行设置，如图 2-200 所示。单击"确定"按钮，效果如图 2-201 所示。

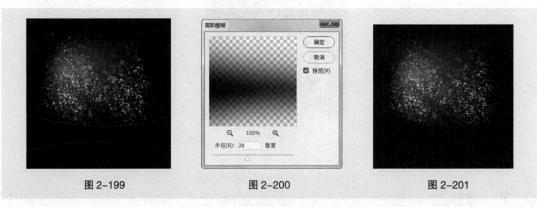

图 2-199   图 2-200   图 2-201

（4）新建图层并将其命名为"亮光"。将前景色设为白色。选择"椭圆选框"工具 ，在属性栏中将"羽化"选项设为 25 像素，在图像窗口中绘制选区，如图 2-202 所示。按 Alt+Delete 组合键，用前景色填充选区。按 Ctrl+D 组合键，取消选区，效果如图 2-203 所示。

（5）在"图层"控制面板上方，将"亮光"图层的混合模式选项设为"叠加"，如图 2-204 所示。设置后的图像效果如图 2-205 所示。

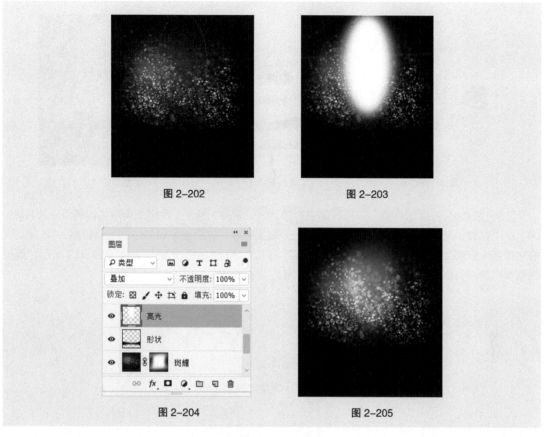

图 2-202　　　　　　　　　　　　　图 2-203

图 2-204　　　　　　　　　　　　　图 2-205

（6）按 Ctrl+O 组合键，打开云盘中的"Ch02/ 素材 / 制作美妆饰品类网店详情页主图 /02"文件，选择"移动"工具，将"02"图像拖曳到"01"图像窗口中的适当位置，如图 2-206 所示，在"图层"控制面板中生成新图层并将其命名为"纹理"。

（7）在"图层"控制面板上方，将"纹理"图层的混合模式选项设为"柔光"，"不透明度"选项设为 69%，如图 2-207 所示。按 Enter 键确定操作，图像效果如图 2-208 所示。

图 2-206　　　　　　　　　　图 2-207　　　　　　　　　　图 2-208

（8）单击"图层"控制面板下方的"添加图层蒙版"按钮，为图层添加蒙版，如图 2-209 所示。将前景色设为黑色。选择"画笔"工具，在属性栏中单击"画笔"选项，弹出画笔面板，选择需要的画笔形状并设置其大小，设置如图 2-210 所示。在图像窗口中拖曳鼠标指针擦除不需要的图像，效果如图 2-211 所示。

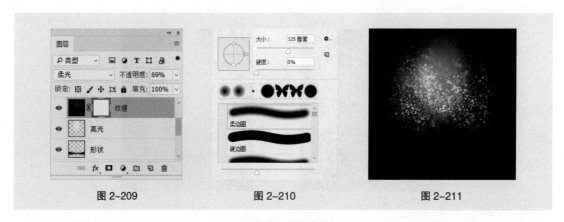

| 图 2-209 | 图 2-210 | 图 2-211 |

（9）按 Ctrl + O 组合键，打开云盘中的"Ch02/ 素材 / 制作美妆饰品类网店详情页主图 /03、04、05"文件。选择"移动"工具 ⊕ ，将图像分别拖曳到"01"图像窗口中的适当位置，在"图层"控制面板中分别生成新图层并将其命名为"文字信息""化妆品""光"，如图 2-212 所示。美妆饰品类网店详情页主图制作完成，最终效果如图 2-196 所示。

图 2-212

2.7.2　课堂案例——制作文化传媒类公众号封面首图

【案例学习目标】学习使用"彩色半调"命令制作公众号封面首图。

【案例知识要点】使用"彩色半调"命令制作公众号封面首图，通过混合模式调整图像效果，使用"镜头光晕"命令添加光晕，最终效果如图 2-213 所示。

【效果所在位置】Ch02/ 效果 / 制作文化传媒类公众号封面首图 .psd。

图 2-213

（1）按 Ctrl+N 组合键，新建一个文件，宽度为 900 像素，高度为 383 像素，分辨率为 72 像素 / 英寸，颜色模式为 RGB，背景内容为白色，单击"创建"按钮，新建文档。

（2）按 Ctrl+O 组合键，打开云盘中的"Ch02/ 素材 / 制作文化传媒类公众号封面首图 /01"文件，如图 2-214 所示。按 Ctrl+J 组合键，复制"背景"图层，在"图层"控制面板中生成新图层并将其命名为"人物"，如图 2-215 所示。

图 2-214   图 2-215

（3）选择"滤镜 > 像素化 > 彩色半调"命令，在弹出的对话框中进行设置，如图 2-216 所示。单击"确定"按钮，效果如图 2-217 所示。

图 2-216   图 2-217

（4）选择"滤镜 > 模糊 > 高斯模糊"命令，在弹出的对话框中进行设置，如图 2-218 所示。单击"确定"按钮，效果如图 2-219 所示。

图 2-218   图 2-219

（5）在"图层"控制面板上方，将"人物"图层的混合模式选项设为"正片叠底"，如图 2-220 所示。设置后的图像效果如图 2-221 所示。

（6）按 D 键，恢复默认前景色和背景色。选择"背景"图层，按 Ctrl+J 组合键，复制"背景"图层，在"图层"控制面板中生成新图层并将其命名为"人物 2"。将"人物 2"图层拖曳到"人物"图层的上方，如图 2-222 所示。

图 2-220   图 2-221   图 2-222

（7）选择"滤镜 > 滤镜库"命令，在弹出的对话框中进行设置，如图 2-223 所示。单击"确定"按钮，效果如图 2-224 所示。

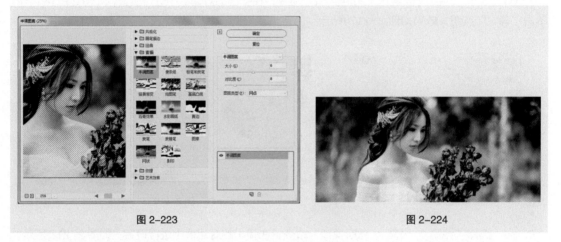

图 2-223   图 2-224

（8）选择"滤镜 > 渲染 > 镜头光晕"命令，在弹出的对话框中进行设置，如图 2-225 所示。单击"确定"按钮，效果如图 2-226 所示。

图 2-225   图 2-226

（9）在"图层"控制面板上方，将"人物 2"图层的混合模式选项设为"强光"，如图 2-227 所示。设置后的图像效果如图 2-228 所示。

（10）选择"背景"图层，按 Ctrl+J 组合键，复制"背景"图层，在"图层"控制面板中生成新图层并将其命名为"背景 拷贝"。按住 Shift 键的同时，选择"人物 2"图层和"背景 拷贝"图层之间的所有图层，按 Ctrl+E 组合键，合并图层并将其命名为"效果"，如图 2-229 所示。

图 2-227 　　　　　　　　　 图 2-228 　　　　　　　　　 图 2-229

（11）选择"滤镜 > 模糊画廊 > 光圈模糊"命令，进入编辑状态，在右侧的"模糊工具"面板中进行设置，如图 2-230 所示。单击属性栏中的"确定"按钮，效果如图 2-231 所示。

（12）选择"移动"工具 ，将"效果"图层拖曳到新建的图像窗口中的适当位置并调整其大小，如图 2-232 所示。

图 2-230 　　　　　　　　 图 2-231 　　　　　　　　 图 2-232

（13）按 Ctrl+O 组合键，打开云盘中的"Ch02/ 素材 / 制作文化传媒类公众号封面首图 /02"文件。选择"移动"工具 ，将"02"图像拖曳到新建的图像窗口中的适当位置并调整其大小，在"图层"控制面板中生成新图层并将其命名为"文字信息"，如图 2-233 所示。文化传媒类公众号封面首图制作完成，最终效果如图 2-234 所示。

图 2-233 　　　　　　　　　　　　 图 2-234

2.8 习题

2.8.1 课堂练习——制作文化传媒类微信运营海报

【练习知识要点】使用"矩形"工具、"添加锚点"工具、"转换点"工具和"直接选择"工具制作会话框，使用"横排文字"工具和"字符"控制面板添加公司名称、职务信息和联系方式，最终效果如图 2-235 所示。

【效果所在位置】Ch02/ 效果 / 制作文化传媒类微信运营海报 .psd。

图 2-235

2.8.2 课后习题——制作家具装修类网站详情页主图

【习题知识要点】使用"矩形选框"工具、"变换选区"命令、"扭曲"命令和"羽化"命令制作沙发投影，使用"移动"工具添加装饰图片和文字，最终效果如图 2-236 所示。

【效果所在位置】Ch02/ 效果 / 制作家具装修类网站详情页主图 .psd。

图 2-236

第 3 章

视频的编辑与制作

▶ 本章介绍

本章将主要介绍视频编辑的基础和 Premiere Pro CC 2018 的基本操作方法及核心处理技巧，内容包括视频编辑的基础、Premiere 的基本操作、剪辑、转场、特效、调色与抠像、字幕。通过本章的学习，读者可以快速地掌握各个知识点，提高综合运用 Premiere 的能力。

学习目标

- 了解视频编辑的基础。
- 熟练掌握 Premiere 的基本操作。
- 掌握不同的剪辑方法及技巧。
- 熟练掌握不同的转场方法和特效的运用技巧。
- 熟练掌握不同的调色与抠像方法。
- 掌握字幕的添加与编辑技巧。

技能目标

- 掌握"新鲜蔬菜写真"的制作方法。
- 掌握"影视栏目片头"的制作方法。
- 掌握"旅拍 vlog 短视频"的制作方法。
- 掌握"竞技体育宣传片"的制作方法。
- 掌握"花开美景写真"的制作方法。
- 掌握"健康出行宣传片"的制作方法。
- 掌握"怀旧影视宣传片"的制作方法。
- 掌握"美丽舞者写真"的制作方法。
- 掌握"化妆品广告"的制作方法。
- 掌握"节目预告片"的制作方法。

视频的编辑
与制作

3.1 视频编辑的基础

视频编辑的
基础

　　新媒体视频编辑是指运用新媒体技术对摄录的影像进行分析、剪辑及合成等处理。如今，人们也可通过抖音、快手以及美拍等平台大量分享自己编辑处理过的视频。本节将讲解视频编辑中的线性编辑与非线性编辑的优缺点，并以 Premiere Pro 为例，讲述非线性编辑的基本工作流程，以便为后续的操作学习打下基础。

3.1.1 线性编辑与非线性编辑

1. 线性编辑

　　线性编辑就是需要按时间顺序从头至尾进行编辑的节目制作方式。这种编辑方式要求编辑人员首先要编辑素材的第 1 个镜头，最后编辑结尾的镜头。编辑人员必须对一系列镜头的组接做出正确的判断，事先做好构思，因为一旦编辑完成，就不能轻易改变这些镜头的组接顺序。对编辑带进行的任何改动，都会直接影响到记录在编辑带上的信号，从改动点开始直至结尾的所有部分都将受到影响，需要重新编辑一次或进行复制。新闻片段制作、现场直播和现场直录宜选用线性编辑。

　　线性编辑的优点如下。

- 可以很好地保护原有的素材，能多次使用。
- 不损伤编辑带，能发挥编辑带随意录、随意抹去的特点，降低制作成本。
- 能保持同步与控制信号的连续性，组接平稳，不会出现不连续、图像跳闪的情况。
- 可以迅速而准确地找到适当的编辑点，正式编辑前可预先检查，编辑后可立刻观看编辑效果，发现不妥可马上修改。
- 声音与图像可以做到完全吻合，也可分别进行修改。

　　线性编辑的缺点如下。

- 素材不可能做到随机存取，素材的选择会耗费大量时间，影响编辑效率。
- 模拟信号经多次复制，衰减严重，声画质量降低。
- 难以对半成品完成随意插入或删除等操作。
- 所需设备较多，安装调试较为复杂。
- 较为生硬的人机界面限制制作人员进行创造性的发挥。

2. 非线性编辑

　　非线性编辑系统是指把输入的各种视音频信号进行模拟 / 数字（A/D）转换，采用数字压缩技术将其存入计算机硬盘中。也就是使用硬盘作为存储介质，记录数字化的视音频信号，在 1/25s（PAL）内完成任意一幅画面的随机读取和存储，实现视音频编辑的非线性。复杂的制作宜选用非线性编辑。

　　非线性编辑的优点如下。

- 无论如何处理或编辑，信号质量将是始终如一的。
- 素材的搜索极其容易，可自由组合特技方式，提高制作水平。
- 后期制作所需的设备数量减至最少，有效地节约了资金，大大延长了设备的寿命。
- 易于升级，支持许多第三方的硬件、软件。
- 可充分利用网络传输数字视频，实现资源共享。

非线性编辑的缺点如下。

● 系统的操作与传统方式不同，专业性强。

● 受硬盘容量限制，记录内容有限。

● 实时制作受到技术制约，特技等内容不能太复杂。

● 图像信号压缩有损失。

● 需预先把素材导入非线性编辑系统之中。

3.1.2 非线性编辑的基本工作流程

任何非线性编辑的工作流程，都可以简单地看成输入、编辑、输出这样 3 个步骤。当然由于不同软件功能的差异，其工作流程还可以进一步细化。以 Premiere Pro 为例，其工作流程主要分成以下 5 个步骤。

1. 素材采集与输入

采集就是利用 Premiere Pro 将模拟视频、音频信号转换成数字信号并存储到计算机中，或者将外部的数字视频存储到计算机中，使其成为可用计算机处理的素材。输入主要是把其他软件处理过的图像、声音等文件导入 Premiere Pro 中。

2. 素材编辑

素材编辑就是设置素材的入点与出点，以选择其中合适的部分，然后按时间顺序组接不同素材的过程。

3. 字幕制作

字幕是节目中非常重要的部分，它包括文字和图形两个方面。在 Premiere Pro 中制作字幕很方便，几乎没有无法实现的效果，还有大量的模板可以选择。

4. 特技处理

对于视频素材，特技处理包括转场、特效、合成叠加。对于音频素材，特技处理包括转场、特效。令人震撼的画面效果，就是在特技处理这一过程中产生的。而非线性编辑软件的功能的强弱，往往也体现在这方面。配合某些硬件，Premiere Pro 还能够实现特技播放。

5. 输出和生成

节目编辑完成后，就可以输出并回录到录像带上，也可以生成视频文件，发布到网上，还可以刻录 VCD 和 DVD 等。

3.2 Premiere 的基本操作

Premiere Pro CC 2018 是由 Adobe Systems 开发和发行的一款专业级视频剪辑软件。本节将对 Premiere Pro CC 2018 的用户操作界面、功能面板、项目文件操作和撤销与恢复操作进行讲解，从而帮助读者快速地了解并掌握 Premiere Pro CC 2018 的入门知识。

Premiere 的
基本操作

3.2.1 认识用户操作界面

Premiere Pro CC 2018 的用户操作界面如图 3-1 所示。从图中可以看出，Premiere Pro CC 2018 的用户操作界面由标题栏、菜单栏、"工作区"面板、"源"/"效果控件"/"音频剪辑混合器"面板组、"监视器"面板、"项目"/"历史记录"/"效果"面板组、"时间线"面板、"音频仪表"面板和"工具"面板等组成。

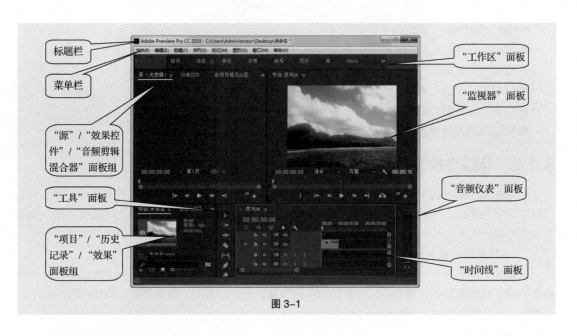

图 3-1

3.2.2　常用面板的介绍

1.　"项目"面板

"项目"面板主要用于输入、组织和存放供"时间线"面板编辑合成的原始素材，如图 3-2 所示。按 Ctrl+PageUp 组合键，"项目"面板切换到列表状态，如图 3-3 所示。单击"项目"面板左上方的■按钮，在打开的菜单中可以选择面板及相关功能的显示 / 隐藏方式，如图 3-4 所示。

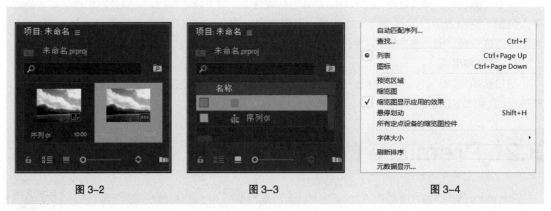

图 3-2　　　　　　　　　　图 3-3　　　　　　　　　　图 3-4

在"项目"面板图标状态时，将鼠标指针置于视频图标上并左右移动，可以查看不同时间点的视频内容。

在列表状态时，可以查看素材的基本属性，包括素材的名称、媒体格式、视音频信息和数据量等。

2.　"时间线"面板

"时间线"面板是 Premiere Pro CC 2018 的核心部分，在编辑影片的过程中，大部分工作都是在"时间线"面板中完成的。通过"时间线"面板，可以轻松地实现素材的剪辑、插入、复制、粘贴和修整等操作，其界面如图 3-5 所示。

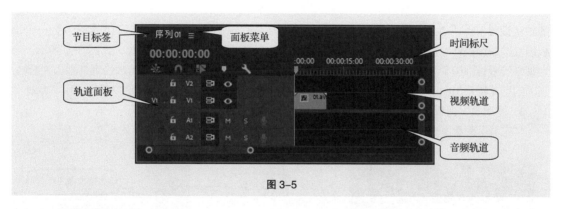

图 3-5

3. "监视器"面板

监视器面板分为"源"面板和"节目"面板，分别如图 3-6 和图 3-7 所示，所有编辑或未编辑的影片片段都在此显示效果。

图 3-6   图 3-7

3.2.3　其他功能面板概述

除了以上介绍的面板，Premiere Pro CC 2018 还提供了一些方便编辑操作的功能面板，下面逐一进行介绍。

1. "效果"面板

"效果"面板存放着 Premiere Pro CC 2018 自带的各种音频特效、视频特效和预设的特效。这些特效按照功能分为六大类，包括预设、Lumetri 预设、音频效果、音频过渡、视频效果及视频过渡，如图 3-8 所示。每一类又按照效果细分为很多小类。用户安装的第三方特效插件也将出现在该面板的相应类别文件中。

默认设置下，"效果"面板、"历史记录"面板与"信息"面板会合并为一个面板组，单击"效果"标签，即可切换到"效果"面板。

2. "效果控件"面板

同"效果"面板一样，在 Premiere Pro CC 2018

图 3-8

的默认设置下，"效果控件"面板与"源"监视器面板、"音频剪辑混合器"面板会合并为一个面板组。"效果控件"面板主要用于控制对象的运动、不透明度、切换及特效等，如图3-9所示。当为某一段素材添加了音频、视频或转场特效后，就需要在该面板中进行相应的参数设置并添加关键帧，画面的运动特效也在这里进行设置，该面板会根据素材和特效的不同显示不同的内容。

3. "工具"面板

"工具"面板主要用来对时间线中的音频和视频等内容进行编辑，其界面如图3-10所示。

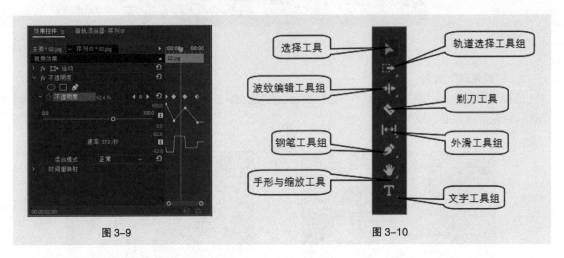

图 3-9   图 3-10

3.2.4 项目文件操作

在启动 Premiere Pro CC 2018 并进行影视制作时，必须先创建新的项目文件或打开已存在的项目文件，这是 Premiere Pro CC 2018 最基本的操作之一。

1. 新建项目文件

新建项目文件分为两种：一种是启动 Premiere Pro CC 2018 时直接新建一个项目文件，另一种是在 Premiere Pro CC 2018 已经启动的情况下新建项目文件。

启动时直接新建项目文件的步骤如下。

（1）选择"开始 > 所有程序 > Adobe Premiere Pro CC 2018"命令或双击计算机桌面上的 Adobe Premiere Pro CC 2018 快捷图标，弹出启动窗口，单击"新建项目"按钮，如图3-11所示。弹出"新建项目"对话框，如图3-12所示。

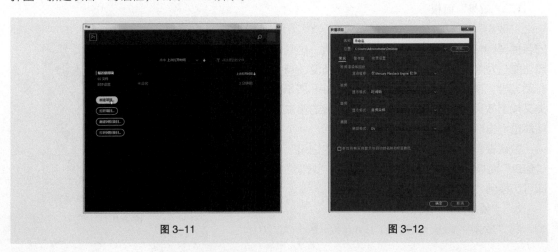

图 3-11   图 3-12

（2）在"常规"选项卡中设置名称、位置、视频渲染和回放、视频、音频及捕捉格式等内容。单击"位置"选项右侧的"浏览"按钮，在弹出的对话框中选择项目文件的保存路径。在"名称"选项的文本框中输入项目名称。单击"确定"按钮，即可创建一个新的项目文件。

在 Premiere Pro CC 2018 已启动的情况下，选择"文件 > 新建 > 项目"命令或按 Ctrl+Alt+N 组合键，在弹出的"新建项目"对话框中按照上述方法选择合适的设置，单击"确定"按钮即可新建项目文件。

2. 打开项目文件

启动 Premiere Pro CC 2018，在弹出的启动窗口中单击"打开项目"按钮或单击需要打开的项目文件，如图 3-13 所示。在弹出的对话框中选择需要打开的项目文件，如图 3-14 所示，单击"打开"按钮，即可打开已选择的项目文件。

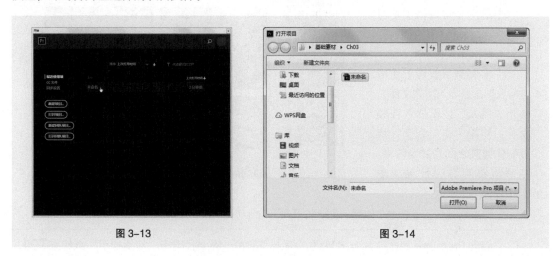

图 3-13　　　　　　　　　　　　　　图 3-14

在 Premiere Pro CC 2018 已启动的情况下，选择"文件 > 打开项目"命令或按 Ctrl+O 组合键，在弹出的对话框中选择需要打开的项目文件，单击"打开"按钮，即可打开所选的项目文件。选择"文件 > 打开最近使用的内容"命令，可以打开近期保存过的文件。

3. 保存项目文件

文件的保存是文件编辑的重要环节。刚启动 Premiere Pro CC 2018 软件时，系统会提示用户先保存一个设置了参数的项目，因此，对于编辑过的项目，直接选择"文件 > 保存"命令或按 Ctrl+S 组合键，即可直接保存。另外，系统还会隔一段时间自动保存一次项目。

除此方法外，Premiere Pro CC 2018 还提供了"另存为"和"保存副本"命令。

4. 关闭项目文件

如果要关闭当前项目文件，选择"文件 > 关闭项目"命令即可。如果对当前文件做了修改却尚未保存，系统将会弹出图 3-15 所示的提示对话框，询问是否要保存该项目文件所做的修改。单击"是"按钮，保存更改内容并关闭项目文件；单击"否"按钮，则不保存更改内容并直接退出项目文件。

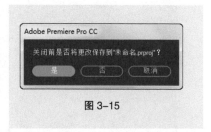

图 3-15

3.2.5　撤销与恢复操作

在编辑视频或音频时，如果用户的上一步操作是错误的，或者对操作得到的效果不满意，选择"编辑 > 撤消"命令即可撤销该操作；如果连续选择此命令，则可连续撤销前面的多步操作。

如果要取消撤销操作，可选择"编辑 > 重做"命令。例如，删除一个素材，通过"撤消"命令进行撤销操作后，如果还想将这些素材片段删除，则只需要选择"编辑 > 重做"命令即可。

3.3 剪辑

在 Premiere Pro CC 2018 中，剪辑影片素材包括导入、裁剪、切割和插入素材，以及创建新元素的多种方式等。本节将通过讲解新鲜蔬菜写真和影视栏目片头两个案例，让读者掌握剪辑技术的使用方法和应用技巧。

3.3.1 课堂案例——新鲜蔬菜写真

【案例学习目标】学习使用"导入"命令和"插入"按钮编辑视频素材。

【案例知识要点】使用"导入"命令导入视频文件，使用"插入"按钮插入视频文件，使用"交叉划像"特效制作视频之间的转场效果。新鲜蔬菜写真的效果如图 3-16 所示。

扫码观看
本案例视频

扫码查看
本案例效果

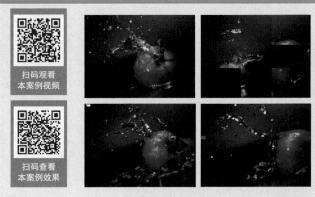

图 3-16

【效果所在位置】Ch03/ 效果 / 新鲜蔬菜写真 .prproj。

（1）启动 Premiere Pro CC 2018 软件，弹出"开始"界面，单击"新建项目"按钮 新建项目 ，弹出"新建项目"对话框，在"位置"选项处选择保存文件的路径，在"名称"文本框中输入文件名"新鲜蔬菜写真"，如图 3-17 所示，单击"确定"按钮，完成项目的创建。按 Ctrl+N 组合键，弹出"新建序列"对话框，在左侧的列表中展开"DV-PAL"选项，选中"标准 48kHz"模式，如图 3-18 所示，单击"确定"按钮，完成序列的创建。

图 3-17

图 3-18

（2）选择"文件 > 导入"命令，弹出"导入"对话框，选择云盘中的"Ch03/ 素材 / 新鲜蔬菜写真 /01、02"文件，如图 3-19 所示。单击"打开"按钮，将视频文件导入"项目"面板中，如图 3-20 所示。

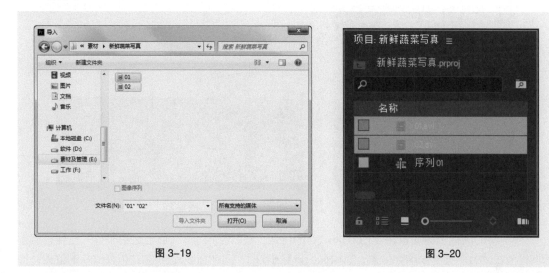

图 3-19　　　　　　　　　　　　　　　　　　图 3-20

（3）在"项目"面板中，选中"01"文件并将其拖曳到"时间线"面板中的"视频 1"轨道中，弹出"剪辑不匹配警告"对话框，如图 3-21 所示，单击"保持现有设置"按钮。在保持现有序列设置的情况下将"01"文件放置在"视频 1"的轨道中，如图 3-22 所示。

图 3-21　　　　　　　　　　　　　　　　　　图 3-22

（4）将时间标签放置在 00:00:06:00 的位置，如图 3-23 所示。在"项目"面板中双击"02"文件，使其在"源"面板中打开，如图 3-24 所示。

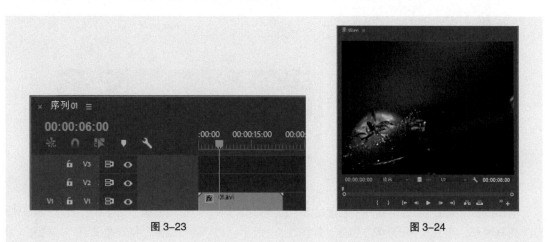

图 3-23　　　　　　　　　　　　　　　　　　图 3-24

（5）单击"源"面板下方的"插入"按钮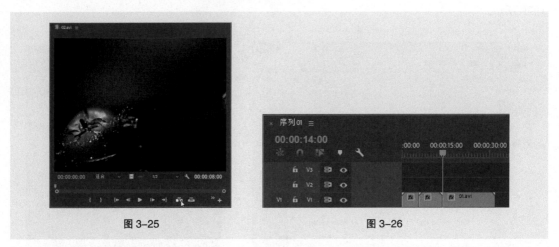，如图 3-25 所示。拖曳鼠标指针，将"02"文件插入"时间线"面板中，如图 3-26 所示。

图 3-25   图 3-26

（6）将时间指示器放置在 00:00:25:00 的位置，在"视频 1"轨道上选中"01"文件，将鼠标指针放在"01"文件的结束位置，当鼠标指针呈◄状时，向前拖曳其到 00:00:25:00 的位置，如图 3-27 所示。

图 3-27

（7）选择"窗口 > 效果"命令，打开"效果"面板，展开"视频过渡"特效分类选项，单击"划像"文件夹前面的三角形按钮▶将其展开，选中"交叉划像"特效，如图 3-28 所示。将"交叉划像"特效拖曳到"时间线"面板中的"02"文件的开始位置，如图 3-29 所示。

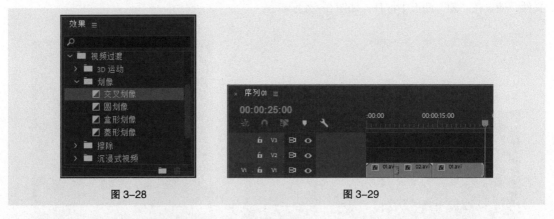

图 3-28   图 3-29

（8）在"效果"面板，展开"视频过渡"特效分类选项，单击"划像"文件夹前面的三角形按钮▶将其展开，选中"菱形划像"特效，如图 3-30 所示。将"菱形划像"特效拖曳到"时间线"面板中的"02"文件的结束位置，如图 3-31 所示。

（9）新鲜蔬菜写真制作完成。选择"文件 > 导出 > 媒体"命令，弹出"导出设置"对话框，将"格式"选项设为 AVI，设置输出名称和位置，单击"导出"按钮，即可导出文件。

图 3-30

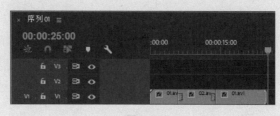
图 3-31

3.3.2 课堂案例——影视栏目片头

【案例学习目标】学习使用"通用倒计时片头"命令制作栏目片头。

【案例知识要点】使用"导入"命令导入视频文件，使用"通用倒计时片头"命令编辑默认倒计时属性，通过"剪辑速度 / 持续时间"对话框改变视频文件的播放速度。影视栏目片头效果如图 3-32 所示。

【效果所在位置】Ch03/ 效果 / 影视栏目片头 .prproj。

扫码观看
本案例视频

扫码查看
本案例效果

图 3-32

（1）启动 Premiere Pro CC 2018 软件，弹出"开始"界面，单击"新建项目"按钮，弹出"新建项目"对话框，在"位置"选项处选择保存文件的路径，在"名称"文本框中输入文件名"影视栏目片头"，如图 3-33 所示，单击"确定"按钮，完成项目的创建。按 Ctrl+N 组合键，弹出"新建序列"对话框，在左侧的列表中展开"DV-PAL"选项，选中"标准 48kHz"模式，如图 3-34 所示，单击"确定"按钮，完成序列的创建。

图 3-33   图 3-34

（2）选择"文件 > 导入"命令，弹出"导入"对话框，选择云盘中的"Ch03/ 素材 / 影视栏目片头 /01"文件，单击"打开"按钮，导入视频文件，如图 3-35 所示。导入的文件就排列在"项目"面板中，如图 3-36 所示。

图 3-35   图 3-36

（3）在"项目"面板中单击"新建项"按钮 ，在展开的下拉列表中选择"通用倒计时片头"命令，弹出"新建通用倒计时片头"对话框，相关设置如图 3-37 所示，单击"确定"按钮。弹出"通用倒计时设置"对话框，将"擦除颜色"设置为橘黄色（255、192、0），"背景色"设置为玫红色（231、0、71），"线条颜色"设置为青色（0、234、255），"目标颜色"设置为蓝色（0、23、195），"数字颜色"设置为白色，设置完成后单击"确定"按钮，如图 3-38 所示。

（4）在"项目"面板中选中"通用倒计时片头"文件，并将其拖曳到"时间线"面板中的"视频 1"轨道中，如图 3-39 所示。将时间指示器放置在 00:00:11:00 的位置，在"项目"面板中选中"01"文件，并将其拖曳到"时间线"面板中的"视频 2"轨道中的 00:00:11:00 的位置，如图 3-40 所示。

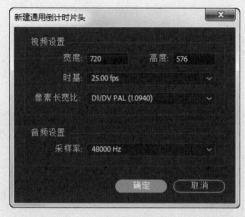

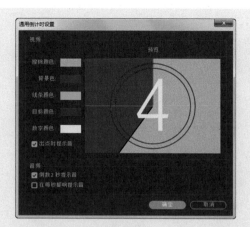

图 3-37   图 3-38

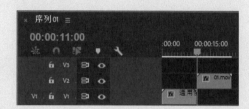

图 3-39   图 3-40

（5）将时间指示器放置在 00:00:21:18 的位置，在"项目"面板中选中"01"文件，并将其拖曳到"时间线"面板中的"视频 3"轨道中的 00:00:21:18 的位置，如图 3-41 所示。在"时间线"面板中的"视频 3"轨道中选中"01"文件，按 Ctrl+R 组合键，弹出"剪辑速度 / 持续时间"对话框，将"速度"选项设置为 299%，如图 3-42 所示，单击"确定"按钮。

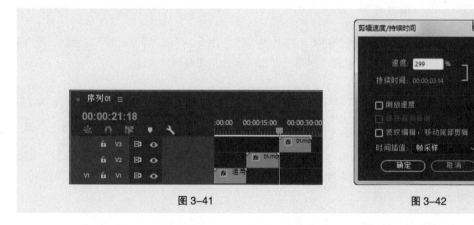

图 3-41   图 3-42

（6）选择"序列 > 添加轨道"命令，弹出"添加轨道"对话框，设置如图 3-43 所示。单击"确定"按钮，在"时间线"面板中添加轨道，如图 3-44 所示。

（7）将时间指示器放置在 00:00:25:08 的位置，在"项目"面板中选中"01"文件，并将其拖曳到"时间线"面板中的"视频 4"轨道中的 00:00:25:08 的位置，如图 3-45 所示。在"时间线"面板中的"视频 4"轨道中选中"01"文件，按 Ctrl+R 组合键，弹出"剪辑速度 / 持续时间"对话框，将"速度"选项设置为 498%，如图 3-46 所示，单击"确定"按钮。

图 3-43

图 3-44

图 3-45

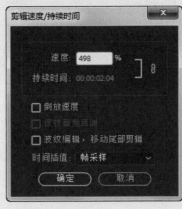

图 3-46

（8）影视栏目片头制作完成。选择"文件 > 导出 > 媒体"命令，弹出"导出设置"对话框，将"格式"选项设为 AVI，设置输出名称和位置，单击"导出"按钮，即可导出文件。

3.4 转场

Premiere Pro CC 2018 中可以在影片素材或静止图像素材之间建立丰富多彩的切换特效。本节将通过旅拍 vlog 短视频和竞技体育宣传片两个案例，让读者掌握转场技术的使用方法和调整技巧，使剪辑的画面更富于变化且生动多彩。

3.4.1 课堂案例——旅拍 vlog 短视频

【案例学习目标】学习使用划像、擦除和滑动特效制作短视频间的转场效果。

【案例知识要点】使用"导入"命令导入素材文件，使用"菱形划像"特效、"时钟式擦除"特效和"带状滑动"特效制作视频之间的转场效果。旅拍 vlog 短视频效果如图 3-47 所示。

【效果所在位置】Ch03/ 效果 / 旅拍 vlog 短视频 .prproj。

扫码观看
本案例视频

扫码查看
本案例效果

图 3-47

（1）启动 Premiere Pro CC 2018 软件，弹出"开始"界面，单击"新建项目"按钮 新建项目，弹出"新建项目"对话框，在"位置"选项处选择保存文件的路径，在"名称"文本框中输入文件名"旅拍 vlog 短视频"，如图 3-48 所示，单击"确定"按钮，完成项目的创建。按 Ctrl+N 组合键，弹出"新建序列"对话框，在左侧的列表中展开"DV-PAL"选项，选中"标准 48kHz"模式，如图 3-49 所示，单击"确定"按钮，完成序列的创建。

图 3-48   图 3-49

（2）选择"文件 > 导入"命令，弹出"导入"对话框，选择云盘中的"Ch03/ 素材 / 旅拍 vlog 短视频 /01、02、03、04"文件，如图 3-50 所示。单击"打开"按钮，将素材文件导入"项目"面板中，如图 3-51 所示。

（3）按住 Ctrl 键的同时，在"项目"面板中选中"01""02""03""04"文件并将其拖曳到"时间线"面板中的"视频 1"轨道中，弹出提示对话框，单击"保持现有设置"按钮，在保持现有序列设置的情况下将"01""02""03""04"文件放置在"视频1"轨道中,如图3-52所示。在"视频1"轨道上选中"01"文件,选择"效果控件"面板,展开"运动"选项,将"缩放"选项设置为60.0,如图3-53所示。

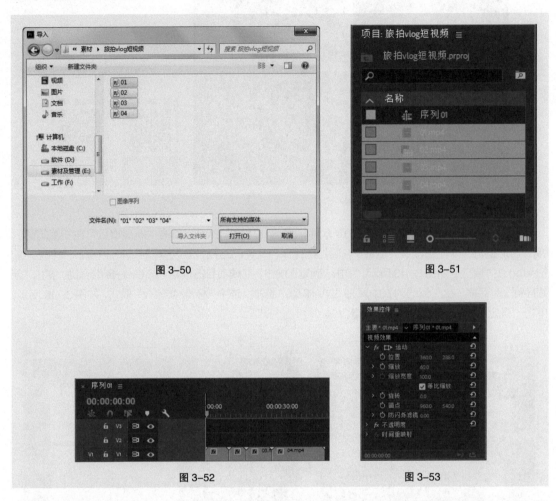

图 3-50   图 3-51

图 3-52   图 3-53

(4)用相同的方法将"02""03""04"文件的缩放选项均设为60.0,分别如图3-54、图3-55和图3-56所示。

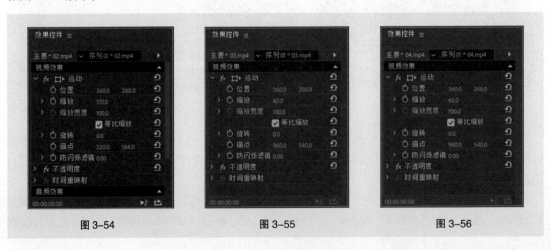

图 3-54   图 3-55   图 3-56

（5）选择"窗口 > 效果"命令，打开"效果"面板，展开"视频过渡"特效分类选项，单击"划像"文件夹前面的三角形按钮▶将其展开，选中"菱形划像"特效，如图 3-57 所示。将"菱形划像"特效分别拖曳到"时间线"面板中的"01"文件的结尾位置与"02"文件的开始位置，如图 3-58 所示。

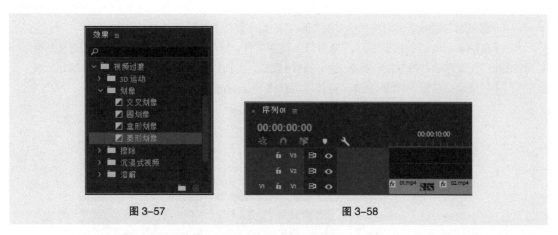

图 3-57   图 3-58

（6）在"效果"面板中，展开"视频过渡"特效分类选项，单击"擦除"文件夹前面的三角形按钮▶将其展开，选中"时钟式擦除"特效，如图 3-59 所示。将"时钟式擦除"特效分别拖曳到"时间线"面板中的"02"文件的结尾位置与"03"文件的开始位置，如图 3-60 所示。

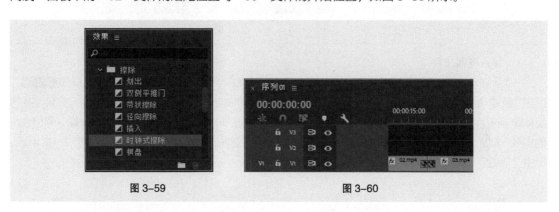

图 3-59   图 3-60

（7）在"效果"面板中，展开"视频过渡"特效分类选项，单击"滑动"文件夹前面的三角形按钮▶将其展开，选中"带状滑动"特效，如图 3-61 所示。将"带状滑动"特效分别拖曳到"时间线"面板中的"03"文件的结尾位置与"04"文件的开始位置，如图 3-62 所示。

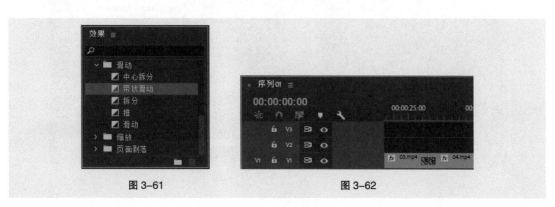

图 3-61   图 3-62

（8）旅拍 vlog 短视频制作完成。选择"文件 > 导出 > 媒体"命令，弹出"导出设置"对话框，将"格式"选项设为 AVI，设置输出名称和位置，单击"导出"按钮，即可导出文件。

3.4.2 课堂案例——竞技体育宣传片

【案例学习目标】学习使用叠化和擦除特效制作宣传片的转场效果。

【案例知识要点】使用"导入"命令导入视频文件，使用"双侧平推门"特效、"交叉划像"特效和"交叉缩放"特效制作视频之间的转场效果。竞技体育宣传片效果如图 3-63 所示。

【效果所在位置】Ch03/ 效果 / 竞技体育宣传片 .prproj

图 3-63

1. 导入视频文件

（1）启动 Premiere Pro CC 2018 软件，弹出"开始"界面，单击"新建项目"按钮 新建项目... ，弹出"新建项目"对话框，在"位置"选项处选择保存文件的路径，在"名称"文本框中输入文件名"竞技体育宣传片"，如图 3-64 所示，单击"确定"按钮，完成项目的创建。按 Ctrl+N 组合键，弹出"新建序列"对话框，在左侧的列表中展开"DV-PAL"选项，选中"标准 48kHz"模式，如图 3-65 所示，单击"确定"按钮，完成序列的创建。

图 3-64

图 3-65

（2）选择"文件 > 导入"命令，弹出"导入"对话框，选择云盘中的"Ch03/ 素材 / 竞技体育宣传片 /01、02、03、04"文件，如图 3-66 所示。单击"打开"按钮，将视频文件导入"项目"面板中，如图 3-67 所示。

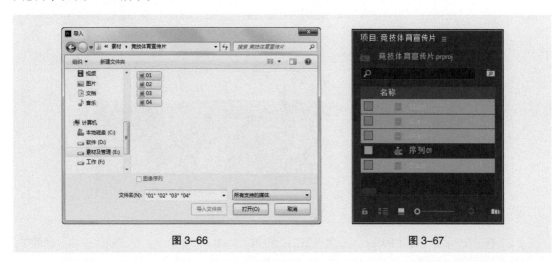

图 3-66   图 3-67

（3）按住 Ctrl 键的同时，在"项目"面板中选中"01""02""03""04"文件并将其拖曳到"时间线"面板中的"视频 1"轨道中，弹出提示对话框，如图 3-68 所示。单击"保持现有设置"按钮，在保持现有序列设置的情况下将"01""02""03""04"文件放置在"视频 1"轨道中，如图 3-69 所示。

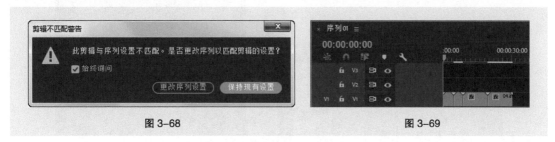

图 3-68   图 3-69

（4）在"时间线"面板中选中"视频 1"轨道中的"03"文件，如图 3-70 所示。选择"效果控件"面板，展开"运动"选项，将"缩放"选项设置为 55.0，如图 3-71 所示。

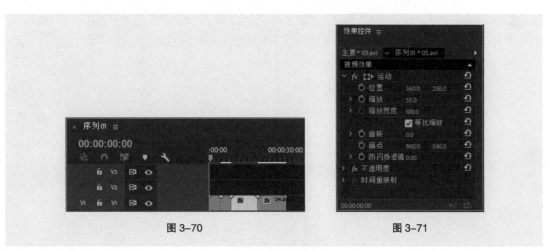

图 3-70   图 3-71

2. 制作视频转场效果

（1）选择"窗口 > 效果"命令，打开"效果"面板，展开"视频过渡"特效分类选项，单击"擦除"文件夹前面的三角形按钮▶将其展开，选中"双侧平推门"特效，如图 3-72 所示。将"双侧平推门"特效分别拖曳到"时间线"面板中的"01"文件的结尾位置与"02"文件的开始位置，如图 3-73 所示。

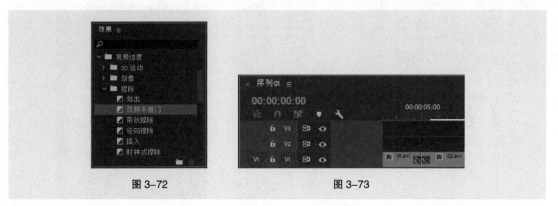

图 3-72 　　　　　　　　　　　图 3-73

（2）在"时间线"面板中选中"双侧平推门"特效，如图 3-74 所示。在"效果控件"面板中，将"持续时间"选项设置为 00:00:01:19，如图 3-75 所示，调整划像的时间。

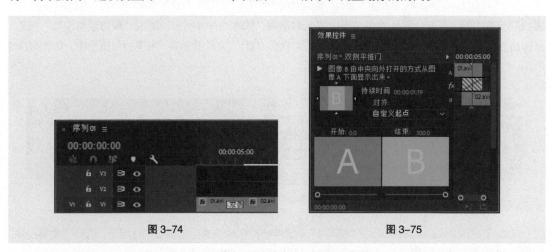

图 3-74 　　　　　　　　　　　图 3-75

（3）在"效果"面板中，展开"视频过渡"特效分类选项，单击"划像"文件夹前面的三角形按钮▶将其展开，选中"交叉划像"特效，如图 3-76 所示。将"交叉划像"特效分别拖曳到"时间线"面板中的"02"文件的结尾位置与"03"文件的开始位置，如图 3-77 所示。

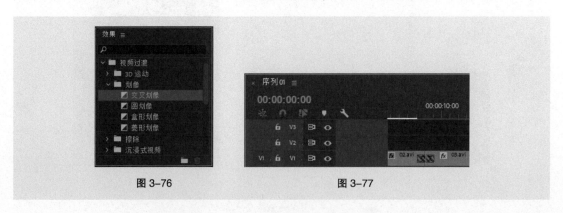

图 3-76 　　　　　　　　　　　图 3-77

（4）在"时间线"面板中选中"交叉划像"特效。在"效果控件"面板中，将"对齐"选项设置为"起点切入"，如图 3-78 所示。"时间线"面板如图 3-79 所示。

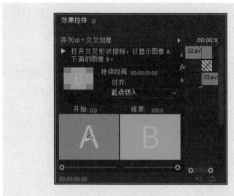

图 3-78   图 3-79

（5）在"效果"面板中，展开"视频过渡"特效分类选项，单击"缩放"文件夹前面的三角形按钮▶将其展开，选中"交叉缩放"特效，如图 3-80 所示。将"交叉缩放"特效分别拖曳到"时间线"面板中的"03"文件的结尾位置与"04"文件的开始位置，如图 3-81 所示。

图 3-80   图 3-81

（6）在"时间线"面板中选中"交叉缩放"特效。在"效果控件"面板中，将"持续时间"选项设置为 00:00:01:10，"对齐"选项设置为"终点切入"，如图 3-82 所示。"时间线"面板如图 3-83 所示。

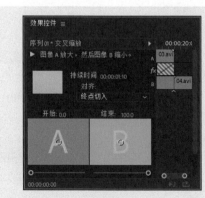

图 3-82   图 3-83

（7）竞技体育宣传片制作完成。选择"文件 > 导出 > 媒体"命令，弹出"导出设置"对话框，将"格式"选项设为 AVI，设置输出名称和位置，单击"导出"按钮，即可导出文件。

3.5 特效

在 Premiere Pro CC 2018 中，可以在视频、图片和文字上应用视频特效。本节将通过讲解花开美景写真和健康出行宣传片两个案例，让读者快速了解并掌握视频特效制作的精髓部分，更得心应手地制作出丰富多彩的视觉效果。

3.5.1 课堂案例——花开美景写真

【案例学习目标】学习使用色彩校正视频特效进行颜色替换。

【案例知识要点】使用"更改颜色"特效改变视频的颜色。花开美景写真效果如图 3-84 所示。

【效果所在位置】Ch03/ 效果 / 花开美景写真 .prproj。

图 3-84

（1）启动 Premiere Pro CC 2018 软件，弹出"开始"界面，单击"新建项目"按钮 [新建项目...]，弹出"新建项目"对话框，在"位置"选项处选择保存文件的路径，在"名称"文本框中输入文件名"花开美景写真"，如图 3-85 所示，单击"确定"按钮，完成项目的创建。按 Ctrl+N 组合键，弹出"新建序列"对话框，在左侧的列表中展开"DV-PAL"选项，选中"标准 48kHz"模式，如图 3-86 所示，单击"确定"按钮，完成序列的创建。

（2）选择"文件 > 导入"命令，弹出"导入"对话框，选择云盘中的"Ch03/ 素材 / 花开美景写真 /01"文件，如图 3-87 所示。单击"打开"按钮，将文件导入"项目"面板中，如图 3-88 所示。

扫码观看
本案例视频

扫码查看
本案例效果

图 3-85

图 3-86

图 3-87

图 3-88

（3）在"项目"面板中，选中"01"文件并将其拖曳到"时间线"面板中的"视频1"轨道中，弹出"剪辑不匹配警告"对话框，单击"保持现有设置"按钮，在保持现有序列设置的情况下将"01"文件放置在"视频1"轨道中，如图3-89所示。在"视频1"轨道上选中"01"文件，选择"效果控件"面板，展开"运动"选项，将"缩放"选项设置为120.0，如图3-90所示。

图 3-89

图 3-90

（4）选择"窗口 > 效果"命令，打开"效果"面板，展开"视频效果"特效分类选项，单击"颜色校正"文件夹前面的三角形按钮▶将其展开，选中"更改颜色"特效，如图3-91所示。将"更改颜色"特效拖曳到"时间线"面板的"视频1"轨道中的"01"文件上，如图3-92所示。

图 3-91   图 3-92

（5）将时间标签放置在00:00:02:01的位置。选择"效果控件"面板，展开"更改颜色"特效，单击"要更改的颜色"选项右侧的按钮✐，在花朵上单击以吸取要更换的颜色，单击"色相变换"选项左侧的"切换动画"按钮⏱，记录第1个动画关键帧，其他选项的设置如图3-93所示。

（6）将时间标签放置在00:00:03:11的位置，在"效果控件"面板中，将"色相变换"选项设置为 -90.0，如图3-94所示，记录第2个动画关键帧。

（7）花开美景写真制作完成。选择"文件 > 导出 > 媒体"命令，弹出"导出设置"对话框，将"格式"选项设为 AVI，设置输出名称和位置，单击"导出"按钮，即可导出文件。

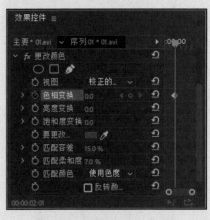

图 3-93   图 3-94

3.5.2 课堂案例——健康出行宣传片

【案例学习目标】学习使用扭曲和颜色校正视频特效调整宣传片的画面。

【案例知识要点】使用"边角定位"特效控制视频的角度，使用"亮度与对比度"特效调整视频的亮度与对比度，使用"颜色平衡"特效调整视频的色彩平衡。健康出行宣传片效果如图3-95所示。

【效果所在位置】Ch03/ 效果 / 健康出行宣传片 .prproj。

图 3-95

扫码观看
本案例视频

扫码查看
本案例效果

（1）启动 Premiere Pro CC 2018 软件，弹出"开始"界面，单击"新建项目"按钮 新建项目...，弹出"新建项目"对话框，在"位置"选项处选择保存文件的路径，在"名称"文本框中输入文件名"健康出行宣传片"，如图 3-96 所示，单击"确定"按钮，完成项目的创建。按 Ctrl+N 组合键，弹出"新建序列"对话框，在左侧的列表中展开"DV-PAL"选项，选中"标准 48kHz"模式，如图 3-97 所示，单击"确定"按钮，完成序列的创建。

图 3-96

图 3-97

（2）选择"文件 > 导入"命令，弹出"导入"对话框，选择云盘中的"Ch03/ 素材 / 健康出行宣传片 /01、02"文件，单击"打开"按钮，如图 3-98 所示。导入的文件就排列在"项目"面板中，如图 3-99 所示。

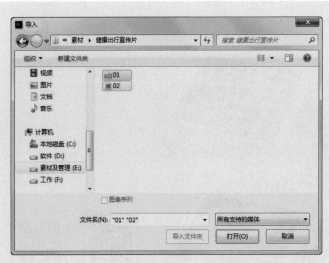

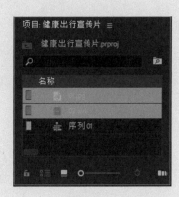

图 3-98　　　　　　　　　　　　　　　图 3-99

（3）在"项目"面板中选中"01"文件并将其拖曳到"时间线"面板的"视频 1"轨道中，如图 3-100 所示。将时间指示器放置在 00:00:03:00 的位置，将鼠标指针放在"01"文件的结束位置，当鼠标指针变为◀状时，向前拖曳其到 00:00:03:00 的位置上，如图 3-101 所示。

图 3-100　　　　　　　　　　　　　　　图 3-101

（4）将时间指示器放置在 00:00:00:00 的位置，在"项目"面板中选中"02"文件并将其拖曳到"时间线"面板中的"视频 2"轨道中，如图 3-102 所示。选择"窗口 > 效果"命令，打开"效果"面板，展开"视频效果"特效分类选项，单击"扭曲"文件夹前面的三角形按钮▶将其展开，选中"边角定位"特效，如图 3-103 所示。

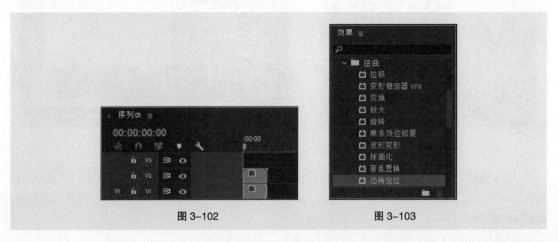

图 3-102　　　　　　　　　　　　　　　图 3-103

（5）将"边角定位"特效拖曳到"时间线"面板中的"02"文件上，如图 3-104 所示。选择"效果控件"面板，展开"边角定位"特效，将"左上"选项设置为 141.7 和 145.7，"右上"选项设置为 571.7 和 73.1，"左下"选项设置为 274.3 和 468.3，"右下"选项设置为 743.7 和 343.8，如图 3-105 所示。

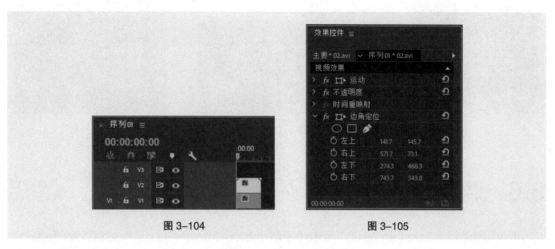

图 3-104　　　　　　　　　　　　　　　　图 3-105

（6）在"效果"面板中，展开"视频效果"特效分类选项，单击"颜色校正"文件夹前面的三角形按钮▶将其展开，选中"亮度与对比度"特效，如图 3-106 所示。将"亮度与对比度"特效拖曳到"时间线"面板中的"02"文件上，如图 3-107 所示。选择"效果控件"面板，展开"亮度与对比度"特效，将"亮度"选项设置为 -39.3，如图 3-108 所示。

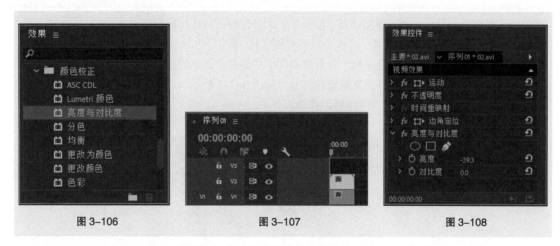

图 3-106　　　　　　　　图 3-107　　　　　　　　图 3-108

（7）在"效果"面板中，展开"视频效果"特效分类选项，单击"颜色校正"文件夹前面的三角形按钮▶将其展开，选中"颜色平衡"特效，如图 3-109 所示。将"颜色平衡"特效拖曳到"时间线"面板中的"02"文件上，如图 3-110 所示。

（8）选择"效果控件"面板，展开"颜色平衡"特效，将"阴影红色平衡"选项设置为 17.0，将"阴影绿色平衡"选项设置为 11.0，如图 3-111 所示。

（9）健康出行宣传片制作完成。选择"文件 > 导出 > 媒体"命令，弹出"导出设置"对话框，将"格式"选项设为 AVI，设置输出名称和位置，单击"导出"按钮，即可导出文件。

图 3-109   图 3-110   图 3-111

3.6   调色与抠像

    调色与抠像属于 Premiere Pro CC 2018 剪辑中较高级的应用，可以使影片通过剪辑产生完美的画面合成效果。本节将通过讲解怀旧影视宣传片和美丽舞者写真两个案例，让读者加强对相关知识的理解，快速掌握调色与抠像技术。

3.6.1   课堂案例——怀旧影视宣传片

    【案例学习目标】学习使用调整、颜色校正和外部特效制作怀旧影视宣传片。

    【案例知识要点】使用"导入"命令导入视频文件，使用"ProcAmp"特效调整图像的亮度、饱和度和对比度，使用"颜色平衡"特效削弱图像中的部分颜色效果，使用"DE_AgedFilm"外部特效制作老电影效果。怀旧影视宣传片效果如图 3-112 所示。

    【效果所在位置】Ch03/ 效果 / 怀旧影视宣传片 .prproj。

扫码观看
本案例视频

扫码查看
本案例效果

图 3-112

（1）启动 Premiere Pro CC 2018 软件，弹出"开始"界面，单击"新建项目"按钮，弹出"新建项目"对话框，在"位置"选项处选择保存文件的路径，在"名称"文本框中输入文件名"怀旧影视宣传片"，如图 3-113 所示，单击"确定"按钮，完成项目的创建。按 Ctrl+N 组合键，弹出"新建序列"对话框，在左侧的列表中展开"DV-PAL"选项，选中"标准 48kHz"模式，如图 3-114 所示，单击"确定"按钮，完成序列的创建。

图 3-113　　　　　　　　　　　　　　　　图 3-114

（2）选择"文件 > 导入"命令，弹出"导入"对话框，选择云盘中的"Ch03/ 素材 / 怀旧影视宣传片 /01"文件，单击"打开"按钮，导入视频文件，如图 3-115 所示。导入的文件就排列在"项目"面板中，如图 3-116 所示。

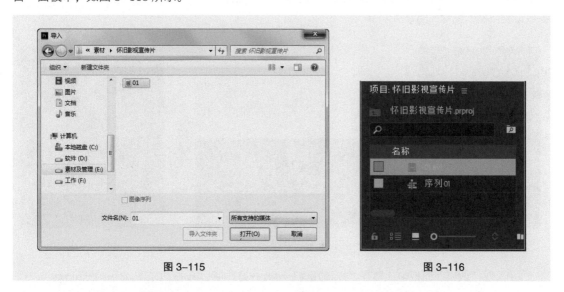

图 3-115　　　　　　　　　　　　　　　　图 3-116

（3）在"项目"面板中选中"01"文件，并将其拖曳到"时间线"面板中的"视频 1"轨道中，弹出"剪辑不匹配警告"对话框，如图 3-117 所示。单击"保持现有设置"按钮，在保持现有序列设置的情况下将"01"文件放置在"视频 1"的轨道中，如图 3-118 所示。

图 3-117   图 3-118

（4）选择"窗口 > 效果"命令，打开"效果"面板，展开"视频效果"特效分类选项，单击"调整"文件夹前面的三角形按钮 ▶ 将其展开，选中"ProcAmp"特效，如图 3-119 所示。将"ProcAmp"特效拖曳到"时间线"面板中的"01"文件上，如图 3-120 所示。在"效果控件"面板中展开"ProcAmp"特效，将"对比度"选项设置为 115.0，"饱和度"选项设置为 50.0，如图 3-121 所示。

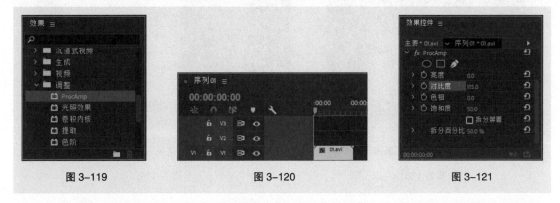

图 3-119   图 3-120   图 3-121

（5）选择"效果"面板，展开"视频效果"特效分类选项，单击"颜色校正"文件夹前面的三角形按钮 ▶ 将其展开，选中"颜色平衡"特效，如图 3-122 所示。将"颜色平衡"特效拖曳到"时间线"面板中的"01"文件上，如图 3-123 所示。选择"效果控件"面板，展开"颜色平衡"特效并进行参数设置，具体设置如图 3-124 所示。

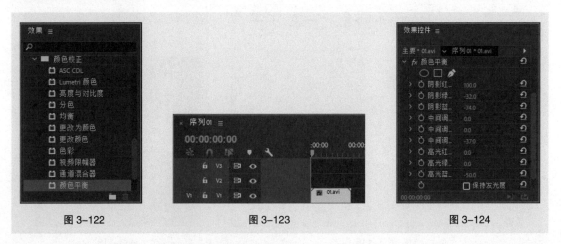

图 3-122   图 3-123   图 3-124

（6）在"效果"面板中，展开"视频效果"特效分类选项，单击"Digieffects Damage v2.5"文件夹前面的三角形按钮 ▶ 将其展开，选中"DE_AgedFilm"特效，如图 3-125 所示。将"DE_AgedFilm"特效拖曳到"时间线"面板中的"01"文件上，如图 3-126 所示。在"效果控件"面板中展开"DE_AgedFilm"特效并进行参数设置，具体设置如图 3-127 所示。

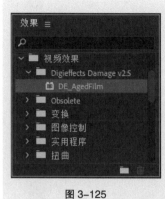

图 3-125   图 3-126   图 3-127

（7）怀旧影视宣传片制作完成。选择"文件 > 导出 > 媒体"命令，弹出"导出设置"对话框，将"格式"选项设为 AVI，设置输出名称和位置，单击"导出"按钮，即可导出文件。

3.6.2 课堂案例——美丽舞者写真

【案例学习目标】学习使用键控特效抠出视频文件中的人物图像。

【案例知识要点】使用"导入"命令导入视频文件，使用"颜色键"特效抠出人物图像，使用"亮度与对比度"特效调整人物的亮度和对比度。美丽舞者写真效果如图 3-128 所示。

【效果所在位置】Ch03/ 效果 / 美丽舞者写真 .prproj。

扫码观看
本案例视频

扫码查看
本案例效果

图 3-128

（1）启动 Premiere Pro CC 2018 软件，弹出"开始"界面，单击"新建项目"按钮 新建项目 ，弹出"新建项目"对话框，在"位置"选项处选择保存文件的路径，在"名称"文本框中输入文件名"美丽舞者写真"，如图 3-129 所示，单击"确定"按钮，完成项目的创建。按 Ctrl+N 组合键，弹出"新建序列"对话框，在左侧的列表中展开"DV-PAL"选项，选中"标准 48kHz"模式，如图 3-130 所示，单击"确定"按钮，完成序列的创建。

图 3-129　　　　　　　　　　　　　　　　　图 3-130

（2）选择"文件 > 导入"命令，弹出"导入"对话框，选择云盘中的"Ch03/ 素材 / 美丽舞者写真 /01、02"文件，如图 3-131 所示。单击"打开"按钮，将视频文件导入"项目"面板中，如图 3-132 所示。

图 3-131　　　　　　　　　　　　　　　　图 3-132

（3）在"项目"面板中，选中"01"文件并将其拖曳到"时间线"面板中的"视频 1"轨道中，弹出"剪辑不匹配警告"对话框，如图 3-133 所示。单击"保持现有设置"按钮，在保持现有序列设置的情况下将"01"文件放置在"视频 1"的轨道中，如图 3-134 所示。

图 3-133　　　　　　　　　　　　　　　　　图 3-134

（4）将时间标签放置在00:00:01:04的位置。选择"剃刀"工具◆，将鼠标指针放置在时间标签所在的位置上并单击，如图3-135所示，将视频素材切割为两段。选择"选择"工具▶，选择时间标签右侧的视频素材，按Delete键将其删除，效果如图3-136所示。

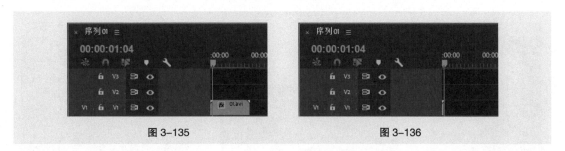

图 3-135   图 3-136

（5）将时间标签放置在00:00:00:00的位置。在"项目"面板中，选中"02"文件并将其拖曳到"时间线"面板中的"视频2"轨道中，如图3-137所示。选择"窗口 > 效果"命令，打开"效果"面板，展开"视频效果"特效分类选项，单击"键控"文件夹前面的三角形按钮▶将其展开，选中"颜色键"特效，如图3-138所示。

（6）将"颜色键"特效拖曳到"时间线"面板"视频2"轨道中的"02"文件上，如图3-139所示。选择"效果控件"面板，展开"颜色键"特效，将"颜色容差"选项设置为197，"边缘细化"选项设置为2，"羽化边缘"选项设置为2.0，如图3-140所示。

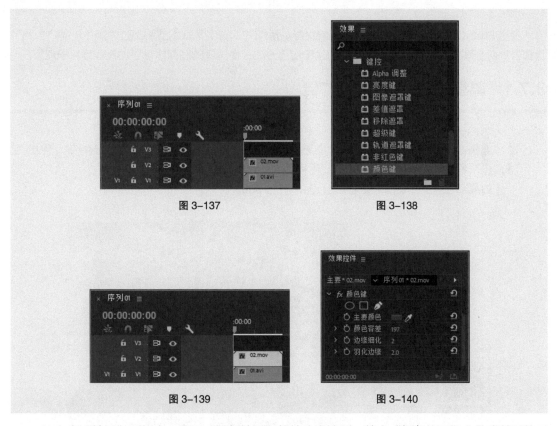

图 3-137   图 3-138

图 3-139   图 3-140

（7）在"效果"面板中，展开"视频效果"特效分类选项，单击"颜色校正"文件夹前面的三角形按钮▶将其展开，选中"亮度与对比度"特效，如图3-141所示。将"亮度与对比度"特效拖曳到"时间线"面板"视频 2"轨道中的"02"文件上,如图 3-142 所示。在"效果控件"面板中,展开"亮度与对比度"特效,将"亮度"选项设置为 48.5,"对比度"选项设置为 39.8,如图 3-143 所示。

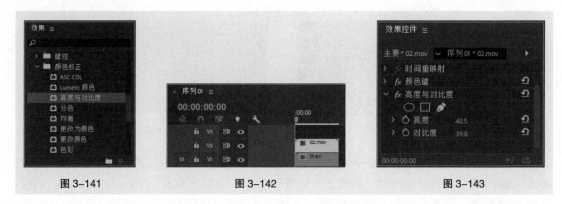

| 图 3-141 | 图 3-142 | 图 3-143 |

(8)美丽舞者写真制作完成。选择"文件 > 导出 > 媒体"命令,弹出"导出设置"对话框,将"格式"选项设为 AVI,设置输出名称和位置,单击"导出"按钮,即可导出文件。

3.7 字幕

利用 Premiere Pro CC 2018 可以为素材影片添加并编辑字幕。本节将通过讲解化妆品广告和节目预告片两个案例,让读者掌握字幕的创建和使用方法,使剪辑的画面信息更加直观且易于理解。

3.7.1 课堂案例——化妆品广告

【案例学习目标】学习使用输入和编辑文字工具制作广告。

【案例知识要点】使用"导入"命令导入素材文件,使用"旧版标题"命令创建字幕,使用"球面化"特效制作文字的动画效果。化妆品广告效果如图 3-144 所示。

【效果所在位置】Ch03/ 效果 / 化妆品广告 .prproj。

扫码观看
本案例视频

扫码查看
本案例效果

图 3-144

1. 导入并编辑素材文件

（1）启动 Premiere Pro CC 2018 软件，弹出"开始"界面，单击"新建项目"按钮[新建项目...]，弹出"新建项目"对话框，在"位置"选项处选择保存文件的路径，在"名称"文本框中输入文件名"化妆品广告"，如图 3-145 所示，单击"确定"按钮，完成项目的创建。按 Ctrl+N 组合键，弹出"新建序列"对话框，在左侧的列表中展开"DV-PAL"选项，选中"标准 48kHz"模式，如图 3-146 所示，单击"确定"按钮，完成序列的创建。

图 3-145　　　　　　　　　　　　　　　　图 3-146

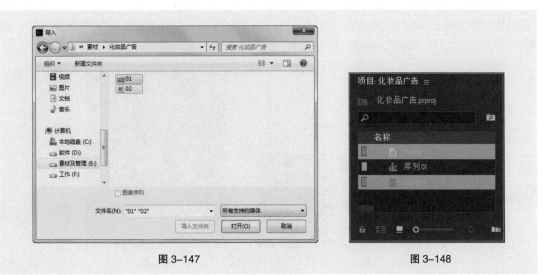

（2）选择"文件 > 导入"命令，弹出"导入"对话框，选择云盘中的"Ch03/ 素材 / 化妆品广告 /01、02"文件，如图 3-147 所示。单击"打开"按钮，将素材文件导入"项目"面板中，如图 3-148 所示。

图 3-147　　　　　　　　　　　　　　　　图 3-148

（3）在"项目"面板中选中"02"文件并将其拖曳到"时间线"面板中的"视频1"轨道中，弹出"剪辑不匹配警告"对话框，单击"保持现有设置"按钮，在保持现有序列设置的情况下将"02"文件放置在"视频1"轨道中，如图3-149所示。

（4）将时间标签放置在00:00:05:00的位置。选择"剃刀"工具 ，将鼠标指针放置在时间标签所在的位置上并单击鼠标，如图3-150所示，将视频素材切割为两段。

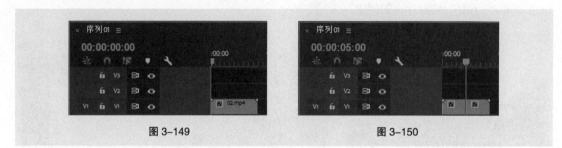

图3-149   图3-150

（5）选择"选择"工具 ，选择时间标签右侧的视频素材，按Delete键将其删除，效果如图3-151所示。在"视频1"轨道上选中"02"文件，选择"效果控件"面板，展开"运动"选项，将"缩放"选项设置为54.0，如图3-152所示。

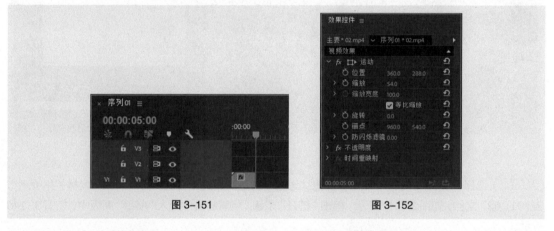

图3-151   图3-152

（6）将时间标签放置在00:00:00:00的位置，在"项目"面板中选中"01"文件并将其拖曳到"时间线"面板中的"视频2"轨道中，如图3-153所示。在"视频2"轨道上选中"01"文件，选择"效果控件"面板，展开"运动"选项，将"缩放"选项设置为32.0，如图3-154所示。

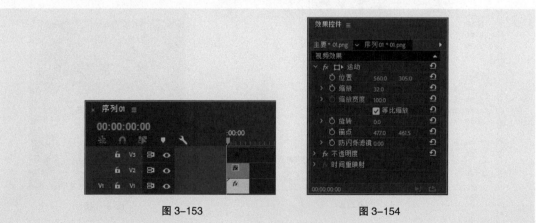

图3-153   图3-154

2. 创建并编辑字幕

（1）选择"文件 > 新建 > 旧版标题"命令，弹出"新建字幕"对话框，如图3-155所示，单击"确定"按钮。弹出字幕编辑面板，选择"输入"工具**T**，在字幕工作区中输入"丽雅美白霜"，在字幕属性栏中设置适当的字体、大小和字距，在"旧版标题属性"面板中展开"填充"选项，如图3-156所示，将"颜色"选项设置为绿色（27、89、0）。关闭字幕编辑面板，新建的字幕文件将自动保存到"项目"面板中。

图 3-155

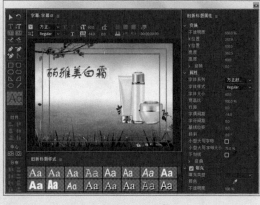

图 3-156

（2）选择"文件 > 新建 > 旧版标题"命令，弹出"新建字幕"对话框，单击"确定"按钮。弹出字幕编辑面板，选择"路径文字"工具，在字幕编辑区域中绘制一条曲线，如图3-157所示，在"旧版标题属性"面板中选择需要的字体并填充为绿色（27、89、0），选择"路径文字"工具，在路径上单击以插入光标，输入需要的文字，如图3-158所示。

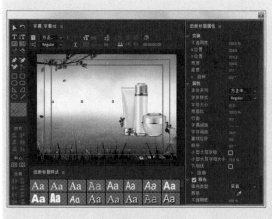

图 3-157

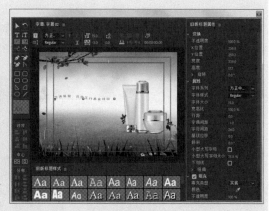

图 3-158

（3）关闭字幕编辑面板，新建的字幕文件将自动保存到"项目"面板中，如图3-159所示。用相同的方法创建其他字幕，效果如图3-160和图3-161所示。"项目"面板如图3-162所示。

图 3-159

图 3-160

图 3-161

图 3-162

3．制作文字动画

（1）在"项目"面板中，选中"字幕 01"文件并将其拖曳到"时间线"面板中的"视频 3"轨道中，如图 3-163 所示。选择"窗口 > 效果"命令，打开"效果"面板，展开"视频效果"特效分类选项，单击"扭曲"文件夹前面的三角形按钮▶将其展开，选中"球面化"特效，如图 3-164 所示。将"球面化"特效拖曳到"时间线"面板"视频 3"轨道中的"字幕 01"文件上，如图 3-165 所示。

图 3-163

图 3-164

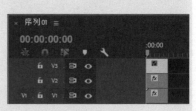

图 3-165

（2）选择"效果控件"面板，展开"球面化"特效，将"球面中心"选项设置为 100.0 和 288.0，分别单击"半径"和"球面中心"选项左侧的"切换动画"按钮⏱，如图 3-166 所示，记录第 1 个动画关键帧。将时间标签放置在 00:00:01:00 的位置，在"效果控件"面板中，将"半径"选项设置为 250.0，"球面中心"选项设置为 150.0 和 288.0，如图 3-167 所示，记录第 2 个动画关键帧。

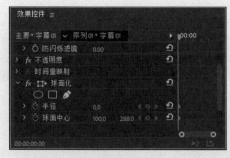

图 3-166 图 3-167

（3）将时间标签放置在 00:00:02:00 的位置，在"效果控件"面板中，将"球面中心"选项设置为 500.0 和 288.0，单击"半径"选项右侧的"添加 / 移除关键帧"按钮 ，如图 3-168 所示，记录第 3 个动画关键帧。将时间标签放置在 00:00:03:00 的位置，在"效果控件"面板中，将"半径"选项设置为 0，"球面中心"选项设置为 600.0 和 288.0，如图 3-169 所示，记录第 4 个动画关键帧。

图 3-168 图 3-169

（4）将时间标签放置在 00:00:00:00 的位置，选择"序列 > 添加轨道"命令，在弹出的"添加轨道"对话框中进行设置，具体设置如图 3-170 所示。单击"确定"按钮，在"时间线"面板中添加 3 条视频轨道，如图 3-171 所示。

（5）在"项目"面板中，选中"字幕 02""字幕 03""字幕 04"文件并分别将其拖曳到"时间线"面板中的"视频 4""视频 5""视频 6"轨道中，如图 3-172 所示。

（6）化妆品广告制作完成。选择"文件 > 导出 > 媒体"命令，弹出"导出设置"对话框，将"格式"选项设为 AVI，设置输出名称和位置，单击"导出"按钮，即可导出文件。

图 3-170 图 3-171 图 3-172

3.7.2 课堂案例——节目预告片

【案例学习目标】学习使用输入、编辑文字工具和"滚动 / 游动选项"按钮制作预告片。

【案例知识要点】使用"导入"命令导入素材文件,使用"旧版标题"命令创建字幕,使用"滚动 / 游动选项"按钮制作滚动文字效果。节目预告片效果如图 3-173 所示。

【效果所在位置】Ch03/ 效果 / 节目预告片 .prproj。

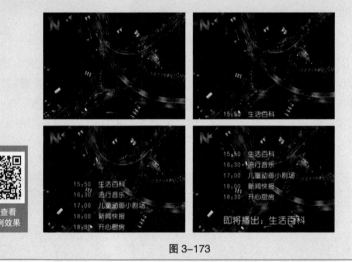

图 3-173

（1）启动 Premiere Pro CC 2018 软件,弹出"开始"界面,单击"新建项目"按钮 新建项目 ,弹出"新建项目"对话框,在"位置"选项处选择保存文件的路径,在"名称"文本框中输入文件名"节目预告片",如图 3-174 所示,单击"确定"按钮,完成项目的创建。按 Ctrl+N 组合键,弹出"新建序列"对话框,在左侧的列表中展开"DV-PAL"选项,选中"标准 48kHz"模式,如图 3-175 所示,单击"确定"按钮,完成序列的创建。

图 3-174

图 3-175

（2）选择"文件 > 导入"命令，弹出"导入"对话框，选择云盘中的"Ch03/ 素材 / 节目预告片 /01、02"文件，如图 3-176 所示，单击"打开"按钮，将素材文件导入"项目"面板中。在"项目"面板中选中"01"文件并将其拖曳到"视频 1"轨道中，如图 3-177 所示。

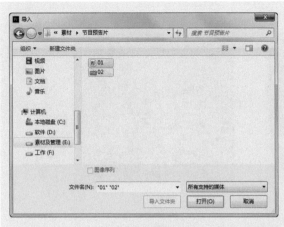

图 3-176

图 3-177

（3）将时间标签放置在 00:00:07:19 的位置。选择"剃刀"工具 ◇，将鼠标指针放置在时间标签所在的位置上并单击鼠标，如图 3-178 所示，将视频素材切割为两段。选择"选择"工具 ▶，选择时间标签右侧的视频素材，按 Delete 键将其删除，效果如图 3-179 所示。

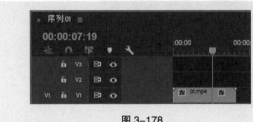

图 3-178

图 3-179

（4）在"视频 1"轨道上选中"01"文件，如图 3-180 所示。选择"效果控件"面板，展开"运动"选项，将"缩放"选项设置为 60.0，如图 3-181 所示。

图 3-180

图 3-181

（5）选择"文件 > 新建 > 旧版标题"命令，弹出"新建字幕"对话框，在"名称"文本框中输入"节目预告"，如图 3-182 所示。单击"确定"按钮，弹出字幕编辑面板，选择"区域文字"工具▣，在字幕窗口左上角单击并按住鼠标左键将其拖至窗口右下角，即可建立一个字幕输入区域，在字幕工作区窗口中输入需要的文字，如图 3-183 所示。

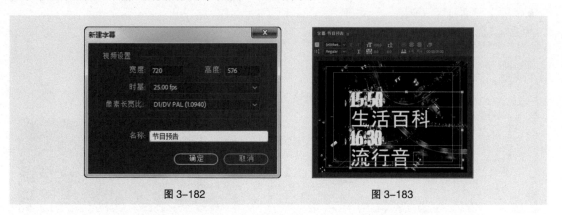

图 3-182   图 3-183

（6）选中文字，在"旧版标题属性"面板中展开"属性"选项，将"行距"选项设置为 30.0，"字符间距"选项设置为 5.0，其他选项的设置如图 3-184 所示。"字幕"窗口中的效果如图 3-185 所示。

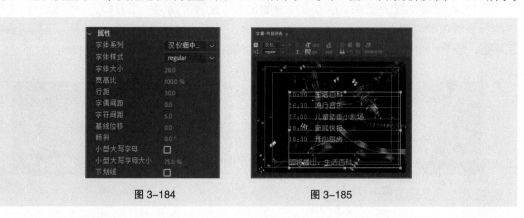

图 3-184   图 3-185

（7）选中"即将播出：生活百科"文字，将"字体大小"选项设置为 38。在"旧版标题属性"面板中将"颜色"选项设置为白色。选中所有文字，展开"阴影"选项，将"颜色"选项设置为灰色（140、140、140），"不透明度"选项设置为 60%，"角度"选项设置为 57.0°，"距离"选项设置为 2.0，如图 3-186 所示。"字幕"窗口中的效果如图 3-187 所示。

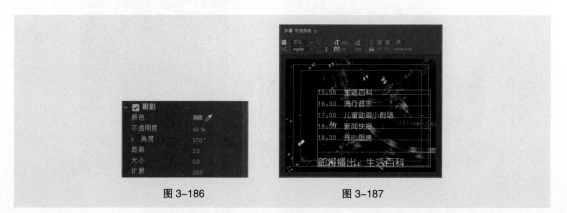

图 3-186   图 3-187

（8）在字幕编辑面板中单击左上角的"滚动/游动选项"按钮 ，弹出"滚动/游动选项"对话框，将"字幕类型"选项设置为"滚动"，勾选"开始于屏幕外"复选框，其他参数不变，如图3-188所示。单击"确定"按钮，在"字幕"窗口视频区域的上方将出现一个屏幕滚动条，如图3-189所示。关闭字幕编辑面板，新建的字幕文件将自动保存到"项目"窗口中。

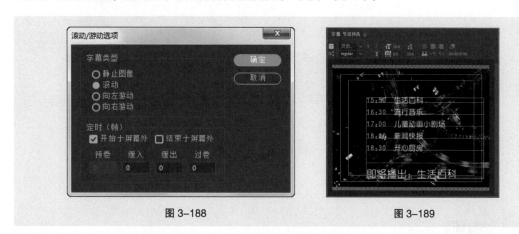

图 3-188   图 3-189

（9）将时间指示器放置在00:00:01:00的位置，在"项目"面板中选中"节目预告"文件并将其拖曳到"视频2"轨道中，如图3-190所示。将鼠标指针放在"节目预告"文件的尾部，当鼠标指针呈 状时，将其向后拖曳到与"01"文件相同的结束位置上，如图3-191所示。

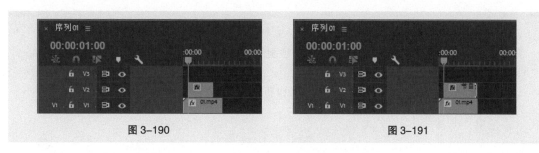

图 3-190   图 3-191

（10）在"项目"面板中选中"02"文件并将其拖曳到"视频3"轨道中，如图3-192所示。将鼠标指针放在"02"文件的尾部，当鼠标指针呈 状时，将其向后拖曳到与"节目预告"文件相同的结束位置上，如图3-193所示。

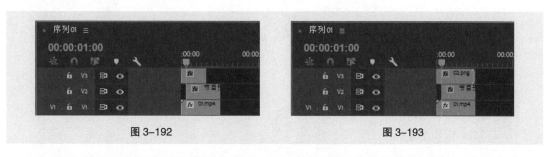

图 3-192   图 3-193

（11）在"视频3"轨道上选中"02"文件，如图3-194所示。选择"效果控件"面板，展开"运动"选项，将"位置"选项设置为60.0和67.0，"缩放"选项设置为3.0，如图3-195所示。

（12）节目预告片制作完成。选择"文件>导出>媒体"命令，弹出"导出设置"对话框，将"格式"选项设为AVI，设置输出名称和位置，单击"导出"按钮，即可导出文件。

图 3-194 图 3-195

3.8 习题

3.8.1 课堂练习——儿童电子相册

【练习知识要点】使用"导入"命令导入素材文件，使用"位置"选项确定文件的位置，使用"缩放"选项缩放图像，使用"旋转"选项制作旋转动画。儿童电子相册的效果如图 3-196 所示。

【效果所在位置】Ch03/ 效果 / 儿童电子相册 .prproj。

扫码观看
本案例视频

扫码查看
本案例效果

图 3-196

3.8.2　课后习题——烹饪节目宣传片

【习题知识要点】使用"旧版标题"命令添加标题及介绍文字，使用"特效控件"面板设置图像的位置、比例和透明度并制作动画，使用"添加轨道"命令添加新轨道。烹饪节目宣传片的效果如图 3-197 所示。

【效果所在位置】Ch03/ 效果 / 烹饪节目宣传片 .prproj。

图 3-197

第 4 章

04

音频的编辑与制作

▶ 本章介绍

    在新媒体时代，无论什么场合，随处可见佩戴耳机的人们，由此可见音频已经成了大众生活必不可少的一部分。本章将对新媒体中的音频信息、Audition 的基础知识、音频编辑、音频处理、添加效果、录制声音以及混音与输出进行系统讲解与演练。通过本章的学习，读者可以对新媒体中的音频有一个基本的认识，从而快速掌握编辑与制作新媒体中的常用音频的方法。

学习目标

- 了解新媒体中的音频信息。
- 掌握 Audition 的基础知识。
- 掌握音频的不同编辑方法。
- 掌握音频的不同处理技巧。
- 掌握为音频添加效果的方法。
- 掌握录制声音的技巧。
- 掌握添加混音与输出音频的方法。

技能目标

- 掌握"抖音背景音乐"的制作方法。
- 掌握"删除杂音波段"的方法。
- 掌握"重新编排语句"的制作方法。
- 掌握"闹钟铃声"的制作方法。
- 掌握"网络音频格式的转换"的方法。
- 掌握"音乐淡化效果"的制作方法。
- 掌握"消除声音中的噪声"的方法。
- 掌握"电话访谈效果"的制作方法。
- 掌握"改变声音音调"的方法。
- 掌握"录制一首古诗"的方法。
- 掌握"为古诗添加音效"的方法。
- 掌握"为散文添加背景音乐"的方法。
- 掌握"为脚步声添加混响效果"的方法。

音频的编辑
与制作

4.1 新媒体中的音频信息

新媒体音频处理是指运用新媒体技术对音频进行分析、剪辑以及添加特效等处理。现在街上随处可见带着耳机的人，因此音频处理越发被重视，其常运用于歌曲、电影电视以及小说电台等几个方面。本节将通过讲解数字音频的基础知识，帮助读者更好地了解音频的相关知识，为后续的操作学习打下基础。

新媒体中的
音频信息

4.1.1 数字音频的编码与压缩

为了便于计算机存储、处理或在网络上进行传输，经过编辑后的音频数据，还必须按照某种要求与格式进行编码和压缩。

1. 编码

脉冲编码调制（Pulse Code Modulation，PCM）是一种把模拟信号转换成数字信号的最基本的编码方式，它将信号的强度依照同样的间距分成若干段，然后用独特的数码记号（通常是二进制）来编码。

但是脉冲编码调制编码后产生的数据量是巨大的，如一张 650MB 的 CD 光盘通常只能存储 10～14 首时长为 5 分钟左右的歌曲，如果是 5.1 声道信号，则时长为 1 小时的音乐需要 1.62GB 的存储空间，这远远超出了 CD 的容量。这么大的数据量对音频的存储和传输都造成了困难，因此就需要对采样量化后的数字音频信号进行压缩。

2. 压缩

压缩的目的是减少数据量，提高传输速率。压缩编码的基本指标之一是压缩比，它是指同一段时间间隔内的音频数据量在压缩前后的大小之比。压缩比越高，丢失的信息越多，信号还原时失真也越严重。因此，在压缩编码时，既希望最大限度地降低数据量，又希望尽可能不要对信息造成损伤，达到较好的听觉效果。但两者是相互矛盾的，只能根据不同的信号特点和不同的需要折中选择合适的数字音频格式。

压缩编码的方式包括无损压缩和有损压缩。

无损压缩主要是去除声音信号中的"冗余"部分，将相同或相似的数据根据特征归类，用较少的数据量描述原始数据，从而达到减少数据量的目的。无损压缩不会造成信号的损失，音质好、转化方便，但是压缩比不高、占用空间大，需要硬件支持。无损压缩格式有 APE、FLAC、LPAC、WavPack、WMALossless、AppleLossless 等。

有损压缩指利用人耳的听觉特性，有针对性地简化不重要的数据，从而达到减少数据量的目的。这样压缩后的数据不能完全复原，会丢失一部分信息。有损压缩虽然在音质上略逊于无损压缩，但压缩比高，节省了存储空间，也便于传输。有损压缩格式有 MP3、OGG、WMA、AAC、VQF、ASF 等。

4.1.2 数字音频的常见格式

1. WAV

WAV 是 Microsoft Windows 本身提供的一种音频格式，由于 Windows 本身的影响力较大，这个格式已经成了通用音频格式。这种格式是用来保存一些没有被压缩的音频，目前所有的音频播放软件和编辑软件都支持这一格式，并将该格式作为默认的文件保存格式之一。

标准格式的 WAV 文件和 CD 格式一样，也是 44.1kHz 的采样率，16 位量化数字。

WAV 文件的特点为：声音再现容易，占用存储空间大，用 Windows 播放器播放。

2. MPEG

按照 MPEG-1 Audio Layer 3 标准压缩的文件，是目前流行的音乐文件格式。

MPEG Audio Layer 指的是 MPEG 标准音频层，共分 3 层（即 MPEG Audio Layer 1/2/3），分别对应 MP1、MP2 和 MP3。MP1 和 MP2 的压缩比分别为 4 ：1 和 6 ：1 ~ 8 ：1，MP3 的压缩比则达到 10 ：1 ~ 12 ：1。

MP3 是一种实用的有损音频压缩编码，属于破坏性压缩。它的压缩原理是把声音中人耳听不见或无法感知的信号滤除，并大幅减少声音数字化后所需的储存空间，而使用破坏性压缩法的结果是，还原音效时难免会造成少许失真，但这些失真在人耳可接受的范围内，也因为如此，才能达到高压缩比的目的。不过相对地，取样率减少，压缩比过高时，失真将会更严重。

MP3 文件的特点为：文件占用空间小，声音质量却无明显下降。

3．mp3PRO

为了使 MP3 能在未来仍然保持生命力，Fraunhofer-IIS 研究所连同 Coding Technologies 公司和法国的 Thomson Multimedia 公司共同推出了 mp3PRO 格式。

这种格式与之前的 MP3 相比，最大的特点是在低达 64 bit/s 的比特率下仍然能提供近似 CD 的音质（MP3 是 128 bit/s）。该技术称为频带复制（Spectral Band Replication，SBR），它在原有的 MP3 技术的基础上专门针对其损失了的音频细节进行独立编码处理并捆绑在原有的 MP3 数据上，在播放的时候通过再合成而达到良好的音质效果。

mp3PRO 格式与 MP3 是兼容的，所以它的文件类型也是 MP3。mp3PRO 播放器可以播放 mp3PRO 或 MP3 编码的文件。普通的 MP3 播放器也可以播放 mp3PRO 编码的文件，但只能播放出 MP3 的音质。

4．M4A

M4A 是 MPEG-4 音频标准文件的扩展名。M4A 格式通过苹果公司将其用作 iTunes 及 iPod 歌曲的收录格式，才逐渐被广泛使用。M4A 格式文件通常音质较好，适用于手机铃声、在线试听以及数字电台架设等。

5．WMA

WMA（Windows Media Audio）格式是微软的重要产品，其音质强于 MP3 格式，是以减少数据流量但保持音质的方法来达到比 MP3 压缩比更高的目的的。WMA 的压缩比一般都可以达到 18 ：1 左右，适合在网络上在线播放。

4.2　Audition 的基础知识

Audition 的基础知识

Audition CC 原名为 Cool Edit Pro，在被 Adobe 公司收购后进行了更名，是一款专业的音频编辑软件。本节将详细讲解 Audition CC 的基础知识。读者通过学习，可对 Audition CC 有初步的认识和了解，并能够掌握软件的基本操作方法和技巧。

4.2.1　Audition 简介

Audition 专门为在照相室、广播和后期制作方面工作的音频和视频专业人员而设计，可提供先进的音频混合、编辑、控制和效果处理功能。最多混合 128 个声道，可编辑单个音频文件、创建回路并可使用 45 种以上的数字信号处理效果。Audition 是一个完善的多声道录音室，可提供灵活的工作流程并且使用简便。

4.2.2　Audition 的工作界面

Audition 的工作界面根据不同的任务可以分为 3 类，分别是波形编辑界面、多轨界面及 CD 布局界面。

1. Audition 的波形编辑界面

Audition 的波形编辑界面可以对单个素材（包括单声道、立体声素材）进行一定的编辑操作。它的操作简单、方便，对于针对单独一首歌曲或声音素材的编辑操作来说，使用这个界面更直观、易行。对于普通计算机使用者来说，即便对调音台等专业录音器材一无所知，也能够在波形编辑界面完成简单的音频处理操作。波形编辑界面由以下几部分组成：标题栏、菜单栏、工具栏、常用面板、状态栏及"编辑器"面板，如图 4-1 所示。

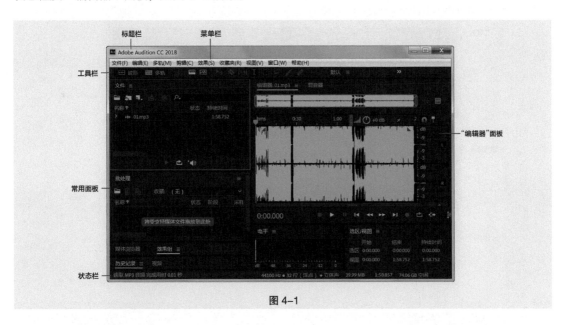

图 4-1

2. Audition 的多轨界面

Audition 的多轨界面可以对单个素材进行裁剪、组合等操作，同时也可以对两个或两个以上素材进行后期混音等操作。Audition 的多轨界面由以下几部分组成：标题栏、菜单栏、工具栏、常用面板、状态栏及"编辑器"面板，如图 4-2 所示。

图 4-2

3. Audition 的 CD 布局界面

Audition 的 CD 布局界面主要用于将多个声音文件按照需要进行排列，并按照排列的顺序进行刻盘。Audition 的 CD 布局界面由以下几部分组成：标题栏、菜单栏、工具栏、常用面板、状态栏及"编辑器"面板，如图 4-3 所示。

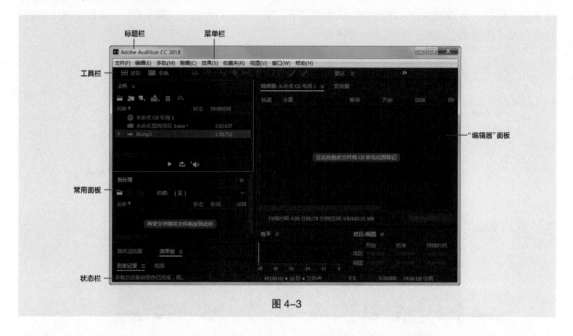

图 4-3

4.3 音频编辑

运用 Audition 可以对音频进行基本的编辑。本节将通过讲解制作抖音背景音乐、删除杂音波段以及重新编排语句 3 个案例，让读者掌握音频编辑的方法和技巧。

4.3.1 课堂案例——制作抖音背景音乐

扫码观看
本案例视频

扫码查看
本案例效果

【案例学习目标】学习使用"时间选区"工具和"复制到新文件"命令制作抖音背景音乐。

【案例知识要点】使用"打开"命令，打开素材文件；使用"时间选区"工具，选取波形；使用"复制到新文件"命令，将波形复制、粘贴到新的音频文件中。

【效果所在位置】Ch04/ 效果 / 制作抖音背景音乐 .mp3。

（1）选择"文件 > 打开"命令，弹出"打开文件"对话框，选择云盘中的"Ch04/ 素材 / 制作抖音背景音乐 /01"文件，如图 4-4 所示。单击"打开"按钮打开文件，"编辑器"面板如图 4-5 所示。

（2）选择"窗口 > 缩放"命令，打开"缩放"面板，单击 5 次"放大（时间）"按钮，波形在水平方向上放大，如图 4-6 所示。

（3）单击"编辑器"面板下方的"播放"按钮，监听打开的音频文件。选择"时间选区"工具，在"编辑器"面板中拖曳鼠标指针，将 0:00.000 ~ 0:27.000 的波形选中，如图 4-7 所示。

图 4-4

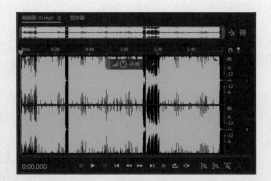

图 4-5

图 4-6

图 4-7

（4）选择"编辑 > 复制到新文件"命令，将选中的波形复制为新文件，"编辑器"面板，如图 4-8 所示。

（5）选择"文件 > 另存为"命令，在弹出的"另存为"对话框中进行设置，如图 4-9 所示。抖音背景音乐制作完成，单击"编辑器"面板下方的"播放"按钮▶️，监听最终的声音效果。

图 4-8

图 4-9

4.3.2 课堂案例——删除杂音波段

【案例学习目标】学习使用"时间选区"工具和"删除"命令删除杂音。

【案例知识要点】使用"打开"命令，打开素材文件；使用"时间选区"工具，选取波形；使用"删除"命令，删除波形。

【效果所在位置】Ch04/ 效果 / 删除杂音波段 .mp3。

扫码观看
本案例视频

扫码查看
本案例效果

（1）选择"文件 > 打开"命令，在弹出的"打开文件"对话框中，选择云盘中的"Ch04/素材 / 删除杂音波段 /01"文件，如图 4-10 所示。单击"打开"按钮打开文件，"编辑器"面板如图 4-11 所示。

图 4-10

图 4-11

（2）选择"时间选区"工具 I，在"编辑器"面板中拖曳鼠标指针，将 0：48.000 至结尾之间的波形选中，如图 4-12 所示。按 Delete 键或使用"删除"命令，将选中的波形删除，如图 4-13 所示。

图 4-12

图 4-13

（3）选择"文件 > 另存为"命令，在弹出的"另存为"对话框中进行设置，如图 4-14 所示。删除杂音波段的操作完成，单击"编辑器"面板下方的"播放"按钮 ▶，监听最终的声音效果。

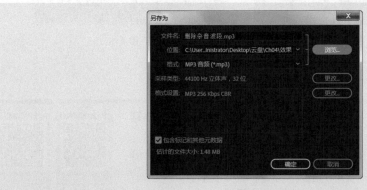
图 4-14

4.3.3　课堂案例——重新编排语句

【案例学习目标】学习使用"切断所选剪辑"工具来重新编排语句。

【案例知识要点】使用"导入"命令，导入素材文件；使用"切断所选剪辑"工具，裁剪音频块；使用"移动"工具，移动音频的位置。

【效果所在位置】Ch04/ 效果 / 重新编排语句 .mp3。

扫码观看　　　扫码查看
本案例视频　　本案例效果

（1）选择"文件 > 新建 > 多轨会话"命令或按 Ctrl+N 组合键，弹出"新建多轨会话"对话框，在"会话名称"文本框中输入"重新编排语句"，其他选项的设置，如图 4-15 所示。单击"确定"按钮，新建一个多轨混音项目，"编辑器"面板如图 4-16 所示。

图 4-15

图 4-16

（2）选择"文件 > 导入 > 文件"命令或按 Ctrl+I 组合键，在弹出的"导入文件"对话框中，选择云盘中的"Ch04/ 素材 / 重新编排语句 /01"文件，如图 4-17 所示，单击"打开"按钮导入文件，"文件"面板如图 4-18 所示。

图 4-17

图 4-18

（3）在"文件"面板中选中"01"文件，如图 4-19 所示，将其拖曳到"轨道 1"中，如图 4-20 所示。

图 4-19

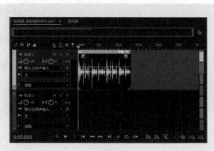

图 4-20

（4）将鼠标指针放置在图 4-21 所示的位置，当指针变为 状时，按住鼠标左键并向左拖曳指针到适当的位置，水平缩放波形，如图 4-22 所示。

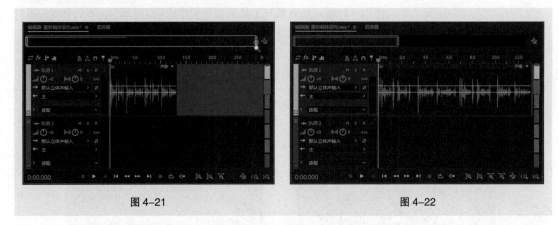

图 4-21   图 4-22

（5）将时间标签放置在 0:01.520 的位置，如图 4-23 所示。选择"切断所选剪辑"按钮 ，在时间标签所在的位置单击鼠标左键，将音频块分割为两个部分，效果如图 4-24 所示。

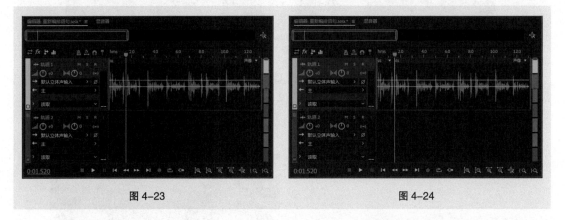

图 4-23   图 4-24

（6）将时间标签放置在 0:02.950 的位置，选择"移动"工具 ，在"编辑器"面板中单击右侧的音频块，将其选中，如图 4-25 所示。按 Ctrl+K 组合键，将选中的音频块分割为两个部分，效果如图 4-26 所示。

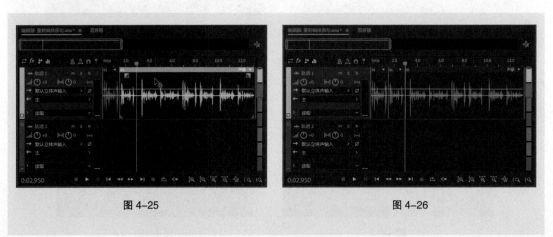

图 4-25   图 4-26

（7）将时间标签放置在 0:08.260 的位置，选择"移动"工具 ，在"编辑器"面板中单击右侧的音频块，将其选中，如图 4-27 所示。按 Ctrl+K 组合键，将选中的音频块分割为两个部分，效果如图 4-28 所示。

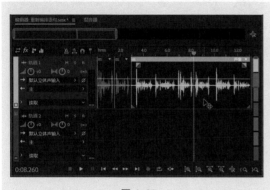

图 4-27

图 4-28

（8）将时间标签放置在 0:09.820 的位置，如图 4-29 所示。选择"移动"工具 ，在"编辑器"面板中单击右侧的音频块，将其选中。按 Ctrl+K 组合键，将选中的音频块分割为两个部分，效果如图 4-30 所示。

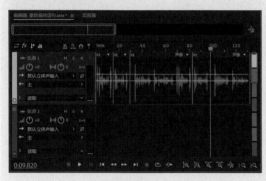

图 4-29

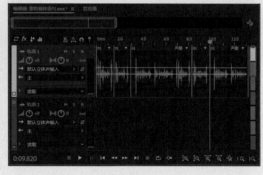

图 4-30

（9）选中图 4-31 所示的音频块，按住鼠标左键将其拖曳到"轨道 2"中，如图 4-32 所示。

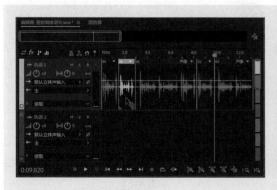

图 4-31

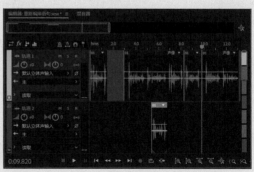

图 4-32

（10）选中图 4-33 所示的音频块，按住鼠标左键将其拖曳到"轨道 2"中，并放置到第 1 个音频块的结尾处，如图 4-34 所示。

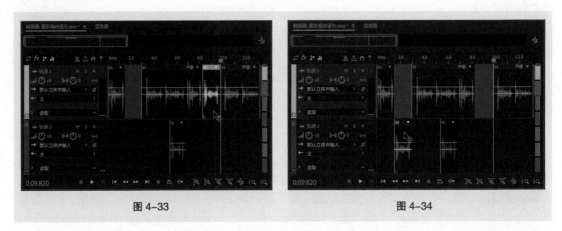

图 4-33　　　　　　　　　　　　　　　　　图 4-34

（11）选中图 4-35 所示的音频块，按住鼠标左键并将其向右拖曳到第 2 个音频块的结尾处，如图 4-36 所示。

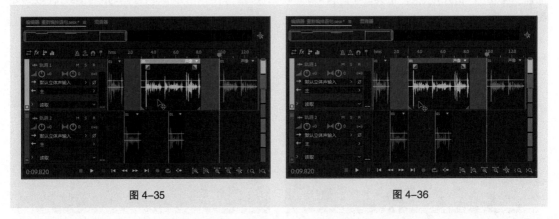

图 4-35　　　　　　　　　　　　　　　　　图 4-36

（12）选中图 4-37 所示的音频块，按住鼠标左键并将其向右拖曳到第 3 个音频块的结尾处，如图 4-38 所示。

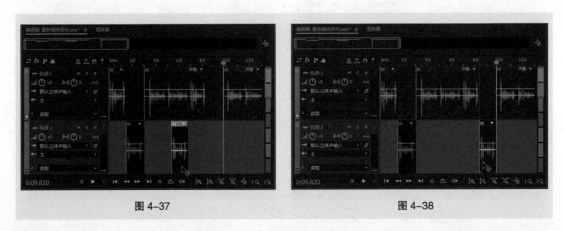

图 4-37　　　　　　　　　　　　　　　　　图 4-38

（13）按 Ctrl+S 组合键，将其保存。选择"文件 > 导出 > 多轨混音 > 整个会话"命令，在弹出的"导出多轨混音"对话框中进行设置，如图 4-39 所示，单击"确定"按钮，即可保存文件。重新编排语句制作完成，单击"编辑器"面板下方的"播放"按钮▶，监听最终的声音效果。

图 4-39

4.4 音频处理

运用 Audition 可以对音频进行不同的处理以使其符合使用要求。本节将通过讲解制作闹钟铃声、网络音频格式的转换以及音乐淡化效果 3 个案例，让读者掌握音频处理的使用方法和应用技巧。

4.4.1 课堂案例——制作闹钟铃声

【案例学习目标】学习使用"属性"面板和"音量"选项调整音频和制作铃声。

【案例知识要点】使用"导入"命令，导入素材文件；使用"属性"面板，调整音频的播放速度；使用"音量"选项，调整音频的音量大小。

【效果所在位置】Ch04/ 效果 / 制作闹钟铃声 .mp3。

扫码观看
本案例视频

扫码查看
本案例效果

（1）选择"文件 > 新建 > 多轨会话"命令或按 Ctrl+N 组合键，弹出"新建多轨会话"对话框，在"会话名称"文本框中输入"制作闹钟铃声"，其他选项的设置如图 4-40 所示。单击"确定"按钮，新建一个多轨混音项目，"编辑器"面板如图 4-41 所示。

图 4-40

图 4-41

（2）选择"文件 > 导入 > 文件"命令或按 Ctrl+I 组合键，在弹出的"导入文件"对话框中，选择云盘中的"Ch04/ 素材 / 制作闹钟铃声 /01"文件，如图 4-42 所示。单击"打开"按钮导入文件，"文件"面板如图 4-43 所示。

图 4-42   图 4-43

（3）在"文件"面板中选中"01"文件并将其拖曳到"轨道 1"中，如图 4-44 所示。选择"窗口 > 属性"命令，打开"属性"面板，如图 4-45 所示。

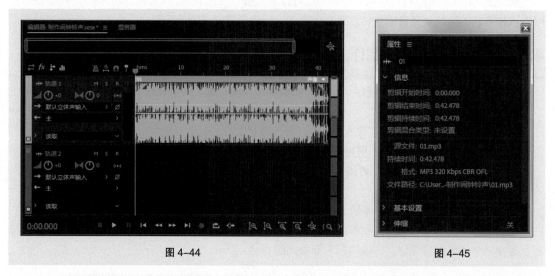

图 4-44   图 4-45

（4）在"属性"面板中单击"伸缩"选项左侧的三角形按钮▶，展开"伸缩"选项，如图 4-46 所示。在"模式"选项的下拉列表中选择"已渲染（高品质）"选项，"伸缩"选项设为 70.6%，如图 4-47 所示。

（5）在"轨道 1"控制面板中，将"音量"选项设为 -6，如图 4-48 所示。按 Ctrl+S 组合键，将其保存。选择"文件 > 导出 > 多轨混音 > 整个会话"命令，在弹出的"导出多轨混音"对话框中进行设置，如图 4-49 所示，单击"确定"按钮，即可保存文件。闹钟铃声制作完成，单击"编辑器"面板下方的"播放"按钮▶，监听最终的声音效果。

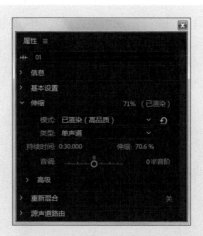

图 4-46 图 4-47

图 4-48 图 4-49

4.4.2 课堂案例——网络音频格式的转换

【案例学习目标】学习使用"批处理"面板转换文件格式。

【案例知识要点】使用"批处理"面板,导入素材文件并进行文件格式的转换。

【效果所在位置】Ch04/ 效果 / 网络音频格式的转换 /01、02.mp3。

扫码观看
本案例视频

(1)选择"窗口 > 批处理"命令,打开"批处理"面板,如图 4-50 所示。在"批处理"面板中双击鼠标,在弹出的"导入文件"对话框中,选择云盘中的"Ch04/ 素材 / 网络音频格式的转换 /01、02"文件,单击"打开"按钮,导入文件。"批处理"面板如图 4-51 所示。

图 4-50 图 4-51

（2）单击"批处理"面板下方的"导出设置"按钮 导出设置 ，弹出"导出设置"对话框，如图 4-52 所示。单击"位置"选项右侧的"浏览"按钮，在弹出的"选择位置"对话框中选择要保存文件的位置，在"格式"选项的下拉列表中选择"MP3 音频（*.mp3）"选项，如图 4-53 所示，单击"确定"按钮，完成设置。

图 4-52

图 4-53

（3）单击"批处理"面板下方的"运行"按钮，如图 4-54 所示。将"批处理"面板中的文件按照导出设置的格式进行转换，导出后的文件如图 4-55 所示。网络音频格式的转换操作完成。

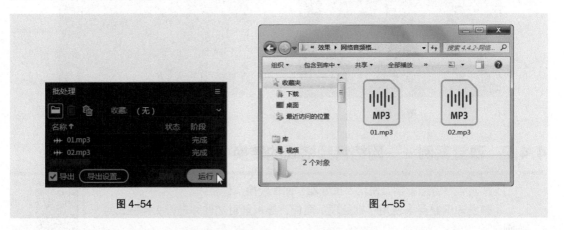
图 4-54   图 4-55

4.4.3 课堂案例——音乐淡化效果

扫码观看
本案例视频

扫码查看
本案例效果

【案例学习目标】学习使用"编辑器"面板进行淡入和淡出处理。

【案例知识要点】使用"时间选区"工具，选取需要的波形；使用"修剪到时间选区"命令，裁剪波形；使用"编辑器"面板，对波形进行淡入和淡出处理。

【效果所在位置】Ch04/ 效果 / 音乐淡化效果 .mp3。

（1）选择"文件 > 新建 > 多轨会话"命令或按 Ctrl+N 组合键，弹出"新建多轨会话"对话框，在"会话名称"文本框中输入"音乐淡化效果"，其他选项的设置如图 4-56 所示。单击"确定"按钮，新建一个多轨混音项目，"编辑器"面板如图 4-57 所示。

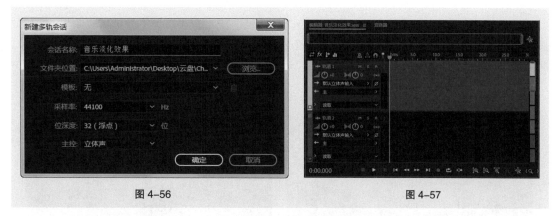

图 4-56   图 4-57

（2）选择"文件 > 导入 > 文件"命令或按 Ctrl+I 组合键，在弹出的"导入文件"对话框中，选择云盘中的"Ch04/ 素材 / 音乐淡化效果 /01"文件，如图 4-58 所示。单击"打开"按钮导入文件，"文件"面板如图 4-59 所示。

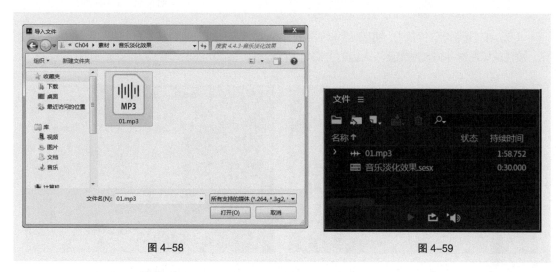

图 4-58   图 4-59

（3）在"文件"面板中选中"01"文件并将其拖曳到"轨道 1"中，如图 4-60 所示。选择"时间选区"工具 I，在"编辑器"面板中拖曳鼠标指针，将 0:27. 700 ~ 1:11. 300 的波形选中，如图 4-61 所示。

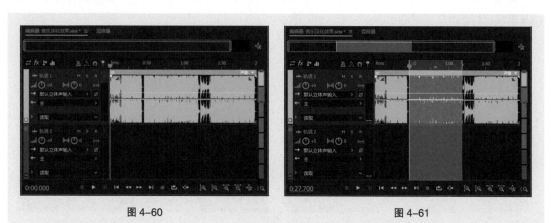

图 4-60   图 4-61

（4）选择"剪辑 > 修剪 > 修剪到时间选区"命令，选取范围以外的波形将被裁剪，效果如图 4-62 所示。选择"移动"工具 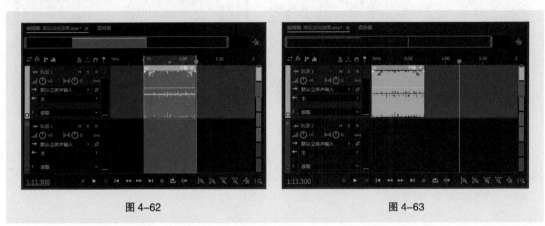，拖曳"轨道 1"中的音频块到 0:00.000 的位置，如图 4-63 所示。将时间标签放置在 0:06.000 的位置。

图 4-62　　　　　　　　　　　　　　　　图 4-63

（5）在"编辑器"面板中，将鼠标指针放置在"淡入"按钮 上，指针将变为十字光标，如图 4-64 所示。按住鼠标左键并将其拖曳至淡入线的上端与时间标签重叠，其淡入线性值为 -20，如图 4-65 所示。

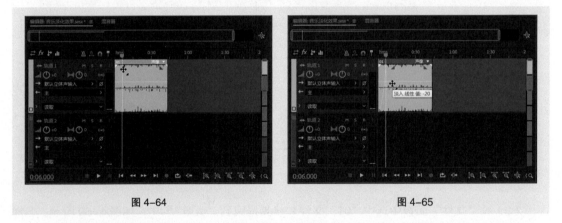

图 4-64　　　　　　　　　　　　　　　　图 4-65

（6）将时间标签放置在 0:36.780 的位置。在"编辑器"面板中，将鼠标指针放置在"淡出"按钮 上，指针将变为十字光标，如图 4-66 所示。按住鼠标左键并将其拖曳至淡出线的上端与时间标签重叠，其淡出线性值为 -20，如图 4-67 所示。

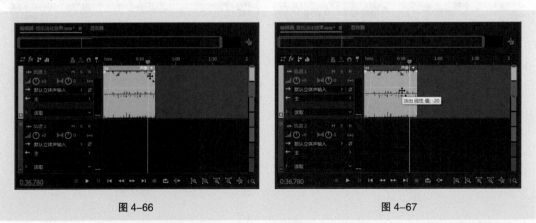

图 4-66　　　　　　　　　　　　　　　　图 4-67

（7）按 Ctrl+S 组合键，将其保存。选择"文件 > 导出 > 多轨混音 > 整个会话"命令，在弹出的"导出多轨混音"对话框中进行设置，如图 4-68 所示，单击"确定"按钮，即可保存文件。音乐淡化效果制作完成，单击"编辑器"面板下方的"播放"按钮▶，监听最终的声音效果。

图 4-68

4.5 添加效果

运用 Audition 可以为音频添加不同的效果，使音频更加丰富有趣。本节将通过讲解消除声音中的噪音、制作电话访谈效果以及改变声音音调 3 个案例，让读者掌握为音频添加效果的方法和应用技巧。

4.5.1 课堂案例——消除声音中的噪音

【案例学习目标】学习使用效果菜单命令为声音降噪。

【案例知识要点】使用"打开"命令，打开素材文件；使用"时间选区"工具，选取噪声波形；使用"降噪（处理）"命令，对音频文件进行降噪处理。

【效果所在位置】Ch04/ 效果 / 消除声音中的噪音 .mp3。

扫码观看   扫码查看
本案例视频   本案例效果

（1）选择"文件 > 打开"命令，弹出"打开文件"对话框，选择云盘中的"Ch04/ 素材 / 消除声音中的噪音 /01"文件，如图 4-69 所示。单击"打开"按钮打开文件，"编辑器"面板如图 4-70 所示。

（2）选择"时间选区"工具，选取噪声波形，如图 4-71 所示。选择"效果 > 降噪 / 恢复 > 降噪（处理）"命令，弹出"效果 – 降噪"对话框，如图 4-72 所示。

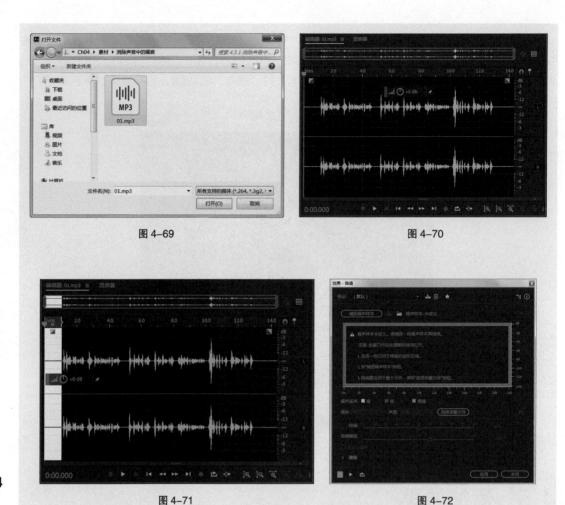

图 4-69　　　　　　　　　　　　　　　　图 4-70

图 4-71　　　　　　　　　　　　　　　　图 4-72

（3）在对话框中单击"捕捉噪声样本"按钮，捕捉已选取波形中的噪声，如图 4-73 所示。单击"选择完整文件"按钮，将整个波形文件选中，如图 4-74 所示。单击"应用"按钮，效果如图 4-75 所示。单击"编辑器"面板下方的"播放"按钮▶，监听声音效果，如果还有噪声，可以再使用上述的方法选取一段波形，如图 4-76 所示。

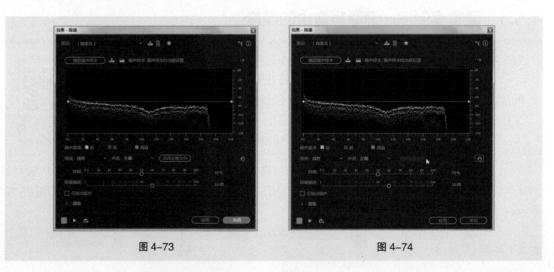

图 4-73　　　　　　　　　　　　　　　　图 4-74

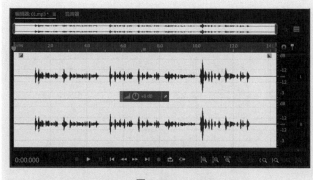
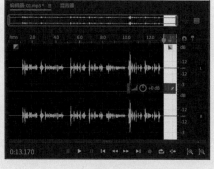

图 4-75　　　　　　　　　　　　　　图 4-76

（4）选择"效果 > 降噪 / 恢复 > 降噪（处理）"命令，弹出"效果 – 降噪"对话框，单击"捕捉噪声样本"按钮，捕捉已选取波形中的噪声，如图 4-77 所示，单击"选择完整文件"按钮，将整个波形文件选中，单击"应用"按钮，应用降噪效果。

（5）选择"文件 > 另存为"命令，在弹出的"另存为"对话框中进行设置，如图 4-78 所示。消除声音中的噪音操作完成，单击"编辑器"面板下方的"播放"按钮▶，监听最终的声音效果。

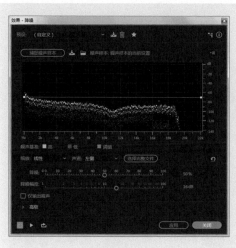

图 4-77　　　　　　　　　　　　　　图 4-78

4.5.2　课堂案例——电话访谈效果

【案例学习目标】使用效果菜单命令处理音频文件。

【案例知识要点】使用"打开"命令，打开素材文件；使用"时间选区"工具，选取需要处理的波形；使用"FFT 滤波器"命令，对音频文件进行处理；使用"标准化（处理）"命令，对音频文件的音量进行处理。

【效果所在位置】Ch04/ 效果 / 电话访谈效果 .mp3。

（1）选择"文件 > 打开"命令，在弹出的"打开文件"对话框中，选择云盘中的"Ch04/素材 / 电话访谈效果 /01"文件，如图 4-79 所示。单击"打开"按钮打开文件，"编辑器"面板如图 4-80 所示。

图 4-79 图 4-80

（2）选择"时间选区"工具 ，在"编辑器"面板中拖曳鼠标，将0:11.000至结尾处的波形选中，如图4-81所示。选择"效果 > 滤波与均衡 > FFT 滤波器"命令，弹出"效果 – FFT 滤波器"对话框，在"预设"选项的下拉列表中选择"电话 – 听筒"选项，其他选项的设置如图4-82所示。

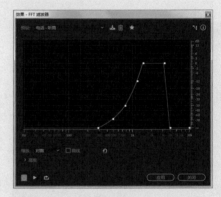

图 4-81 图 4-82

（3）单击"应用"按钮，应用 FFT 滤波效果，效果如图4-83所示。选择"效果 > 振幅与压限 > 标准化（处理）"命令，在弹出的"标准化"对话框中进行设置，如图4-84所示。

图 4-83 图 4-84

（4）单击"应用"按钮，应用标准化效果，效果如图4-85所示。选择"文件>另存为"命令，在弹出的"另存为"对话框中进行设置，如图4-86所示。电话访谈效果制作完成，单击"编辑器"面板下方的"播放"按钮▶，监听最终的声音效果。

图 4-85

图 4-86

4.5.3 课堂案例——改变声音音调

【案例学习目标】学习使用效果菜单命令改变声音音调。

【案例知识要点】使用"打开"命令，打开素材文件；使用"时间选区"工具，选取需要处理的波形；使用"伸缩与变调（处理）"命令，对音频文件进行变调；使用"标准化（处理）"命令，对音频文件的音量进行处理。

扫码观看
本案例视频

扫码查看
本案例效果

【效果所在位置】Ch04/效果/改变声音音调.mp3。

（1）选择"文件>打开"命令，弹出"打开文件"对话框，选择云盘中的"Ch04/素材/电话访谈效果/01"文件，如图4-87所示。单击"打开"按钮打开文件，"编辑器"面板如图4-88所示。

（2）在"编辑器"面板中单击鼠标，按Ctrl+A组合键或使用"时间选区"工具，将波形全部选中，如图4-89所示。选择"效果>时间与变调>伸缩与变调（处理）"命令，弹出"效果-伸缩与变调"对话框，将"变调"选项设为4，其他选项的设置如图4-90所示，单击"应用"按钮，应用效果。

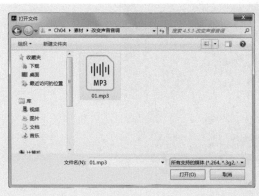

图 4-87

图 4-88

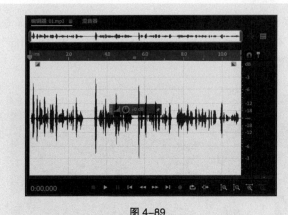

图 4-89　　　　　　　　　　　　　　　　图 4-90

（3）选择"效果 > 振幅与压限 > 标准化（处理）"命令，在弹出的"标准化"对话框中进行设置，如图 4-91 所示。单击"应用"按钮，应用标准化效果，如图 4-92 所示。

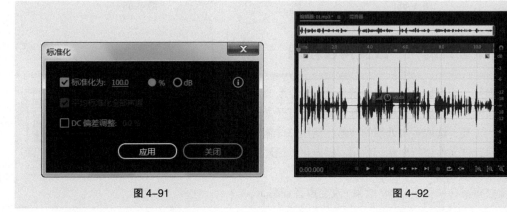

图 4-91　　　　　　　　　　　　　　　　图 4-92

（4）选择"文件 > 另存为"命令，在弹出的"另存为"对话框中进行设置，如图 4-93 所示。改变声音音调操作完成，单击"编辑器"面板下方的"播放"按钮▶，监听最终的声音效果。

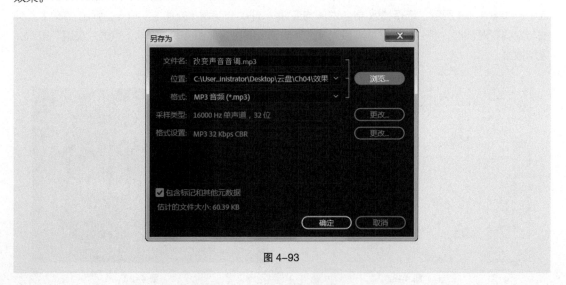

图 4-93

4.6 录制声音

运用 Auditio 的录音功能可以进行声音的录制，并以此进行相关的音频创作。本节将通过讲解录制一首古诗和为古诗添加音效两个案例，让读者掌握进行声音录制的方法。

4.6.1 课堂案例——录制一首古诗

【案例学习目标】学习使用录音功能录制音频文件。
【案例知识要点】使用"新建"命令，新建音频文件；使用"打开"命令，打开要录制的文稿；使用"录制"按钮，将文稿中的文字录制成音频文件。
【效果所在位置】Ch04/ 效果 / 录制一首古诗 .mp3。

扫码观看
本案例视频　扫码查看
本案例效果

（1）选择"文件 > 新建 > 音频文件"命令或按 Ctrl+Shift+N 组合键，弹出"新建音频文件"对话框，在"文件名"文本框中输入"录制一首古诗"，其他选项的设置如图 4-94 所示。单击"确定"按钮，"编辑器"面板如图 4-95 所示。

图 4-94　　　　　　　　　　　图 4-95

（2）按 Ctrl+O 组合键，弹出"打开文件"对话框，选择云盘中的"Ch04/ 素材 / 录制一首古诗 /01"文件，单击"打开"按钮，打开文件，如图 4-96 所示。返回 Audition 操作界面中，单击"编辑器"面板下方的"录制"按钮，如图 4-97 所示。

（3）松开鼠标左键，将记事本中的文字录入，录入完成后，单击"编辑器"面板下方的"停止"按钮，如图 4-98 所示。松开鼠标左键，完成古诗的录入，效果如图 4-99 所示。

图 4-96　　　　　　　　　　　图 4-97

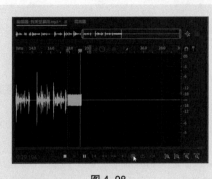

图 4-98

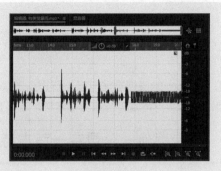

图 4-99

（4）选择"文件 > 另存为"命令，在弹出的"另存为"对话框中进行设置，如图 4-100 所示。录制一首古诗的操作完成，单击"编辑器"面板下方的"播放"按钮▶，监听最终的声音效果。

图 4-100

4.6.2 课堂案例——为古诗添加音效

扫码观看
本案例视频

扫码查看
本案例效果

【案例学习目标】学习使用多轨功能进行混音。

【案例知识要点】使用"新建"命令，新建音频文件；使用"导入"命令，导入素材文件；使用"拆分"命令，拆分音频块；使用"淡出"按钮，进行淡出效果处理。

【效果所在位置】Ch04/ 效果 / 为古诗添加音效 .mp3。

（1）选择"文件 > 新建 > 多轨会话"命令或按 Ctrl+N 组合键，弹出"新建多轨会话"对话框，在"会话名称"文本框中输入"为古诗添加音效"，其他选项的设置如图 4-101 所示。单击"确定"按钮，新建一个多轨混音项目，"编辑器"面板如图 4-102 所示。

图 4-101

图 4-102

（2）按 Ctrl+I 组合键或使用"导入"命令，在弹出的"导入文件"对话框中，选择云盘中的"Ch04/ 素材 / 为古诗添加音效 /01 ~ 04"文件，如图 4-103 所示。单击"打开"按钮导入文件，"文件"面板如图 4-104 所示。

图 4-103

图 4-104

（3）在"文件"面板中选中"01"文件并将其拖曳到"轨道 1"中，如图 4-105 所示。将"02"文件拖曳到"轨道 2"中，如图 4-106 所示。

图 4-105

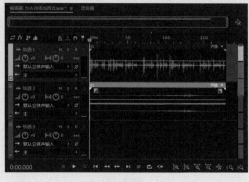

图 4-106

（4）将时间标签放置在 0:03.300 的位置，将"03"文件拖曳到"轨道 3"中并将其放置在时间标签所在的位置，如图 4-107 所示。在"轨道 3"控制面板中，将"音量"选项设为 -20，如图 4-108 所示。

图 4-107

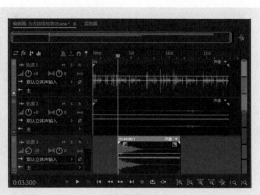

图 4-108

（5）将时间标签放置在 0:10.170 的位置，将鼠标指针放置在"03"文件的结尾处，指针将变为 ✛ 状，如图 4-109 所示。按住鼠标左键将其拖曳到时间标签所在的位置，如图 4-110 所示。

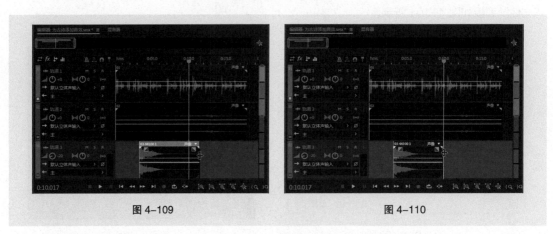

图 4-109　　　　　　　　　　　　　　　　图 4-110

（6）将"04"文件拖曳到"轨道 3"中并放置在"03"文件的结尾处，如图 4-111 所示。将时间标签放置在 0:18.458 的位置，按 Ctrl+K 组合键或使用"拆分"命令，将"04"文件拆分为两个音频块，如图 4-112 所示。

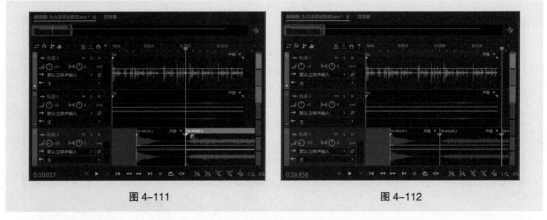

图 4-111　　　　　　　　　　　　　　　　图 4-112

（7）选择"移动"工具 ▶，在"轨道 3"中选中最右侧的音频块，如图 4-113 所示。按 Delete 键，将选中的音频块删除，效果如图 4-114 所示。

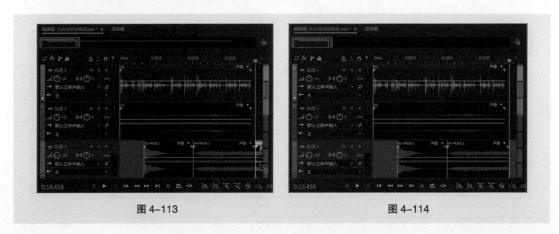

图 4-113　　　　　　　　　　　　　　　　图 4-114

（8）选中"轨道3"中的"04"文件，如图4-115所示。将鼠标指针放置在"淡出"按钮■上，指针将变为十字，按住鼠标左键并将其拖曳到适当的位置，其淡出线性值为19，如图4-116所示。

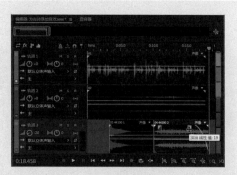

图 4-115   图 4-116

（9）将"轨道3"中的"04"文件向左拖曳，使"04"文件的结尾与其他轨道文件的结尾重合，如图4-117所示。按Ctrl+S组合键，将其保存。选择"文件 > 导出 > 多轨混音 > 整个会话"命令，在弹出的"导出多轨混音"对话框中进行设置，如图4-118所示，单击"确定"按钮，即可保存文件。为古诗添加音效操作完成，单击"编辑器"面板下方的"播放"按钮▶，监听最终的声音效果。

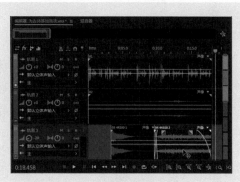

图 4-117   图 4-118

4.7 混音与输出

混音效果是指将不同的声音近乎完美地结合在一起，使声音听起来更为舒适。运用 Audition 可以快速地进行混音及输出。本节将通过讲解为散文添加背景音乐和为脚步声添加混响效果两个案例，让读者掌握如何进行混音与输出。

4.7.1 课堂案例——为散文添加背景音乐

【案例学习目标】学习使用效果菜单命令调整音频文件。

【案例知识要点】使用"新建"命令，新建音频文件；使用"轨道"面板，裁剪音频块；使用"室内混响"命令，添加混响效果；使用"多频段压缩器"命令，将声音中的人声增强。

【效果所在位置】Ch04/ 效果 / 为散文添加背景音乐 .mp3。

扫码观看   扫码查看
本案例视频   本案例效果

（1）选择"文件 > 新建 > 多轨会话"命令或按 Ctrl+N 组合键，弹出"新建多轨会话"对话框，在"会话名称"文本框中输入"为散文添加背景音乐"，其他选项的设置如图 4-119 所示。单击"确定"按钮，新建一个多轨混音项目，"编辑器"面板如图 4-120 所示。

图 4-119   图 4-120

（2）按 Ctrl+I 组合键，在弹出的"导入文件"对话框中，选择云盘中的"Ch04/ 素材 / 为散文添加背景音乐 /01、02"文件，如图 4-121 所示。单击"打开"按钮导入文件，"文件"面板如图 4-122 所示。

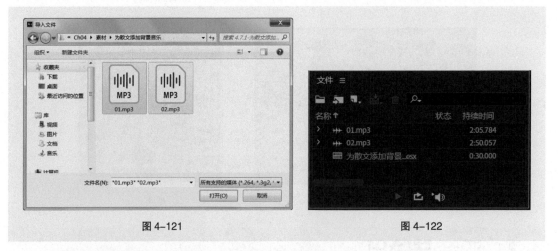

图 4-121   图 4-122

（3）在"文件"面板中选中"01"文件并将其拖曳到"轨道 1"中，如图 4-123 所示。用相同的方法将"02"文件拖曳到"轨道 2"中，如图 4-124 所示。

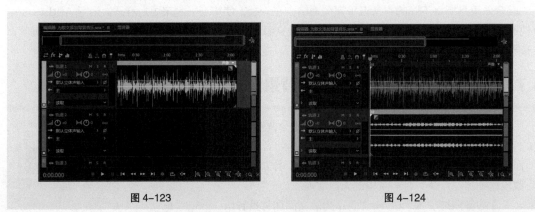

图 4-123   图 4-124

（4）将鼠标指针放置在图 4-125 所示的位置，指针变为 状，按住鼠标左键将其向右拖曳到适当的位置，水平缩放波形，"编辑器"面板如图 4-126 所示。

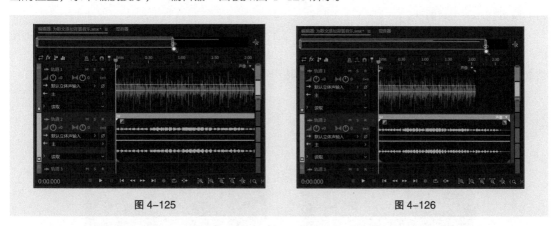

图 4-125　　　　　　　　　　　　　　　图 4-126

（5）将鼠标指针放置在"02"文件的结尾处，指针变为 状，如图 4-127 所示，按住鼠标左键将其向左拖曳至"01"文件的结尾处，如图 4-128 所示。

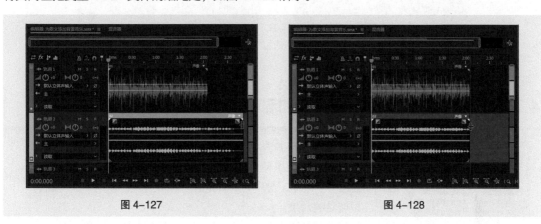

图 4-127　　　　　　　　　　　　　　　图 4-128

（6）选择"移动"工具 ，选中"轨道 1"中的"01"文件，如图 4-129 所示。选择"效果 > 混响 > 室内混响"命令，弹出"组合效果 - 室内混响"对话框，在"预设"选项的下拉列表中选择"默认"选项，在"输出电平"选项组中，将"干"选项设为 100%，"湿"选项设为 60%，其他选项的设置如图 4-130 所示，单击对话框右上方的按钮 ，关闭对话框。

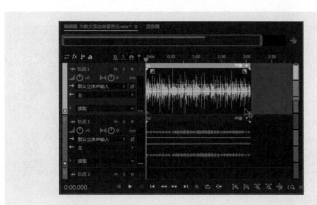
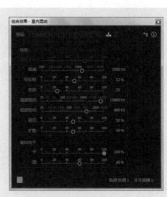

图 4-129　　　　　　　　　　　　　　　图 4-130

（7）选择"效果 > 振幅与压限 > 多频段压缩器"命令，弹出"组合效果 – 多频段压缩器"对话框，在"预设"选项的下拉列表中选择"提高人声"选项，如图 4-131 所示，单击对话框右上方的按钮 X，关闭对话框。

（8）按 Ctrl+S 组合键，将其保存。选择"文件 > 导出 > 多轨混音 > 整个会话"命令，在弹出的"导出多轨混音"对话框中进行设置，如图 4-132 所示，单击"确定"按钮，即可保存文件。为散文添加背景音乐操作完成，单击"编辑器"面板下方的"播放"按钮 ▶，监听最终的声音效果。

图 4-131 　　　　　　　　　　　　　　　图 4-132

4.7.2　课堂案例——为脚步声添加混响效果

【案例学习目标】学习使用效果菜单命令添加混响效果。

【案例知识要点】使用"打开"命令，打开素材文件；使用"标准化（处理）"命令，对声音的音量进行标准处理；使用"室内混响"命令，添加混响效果。

【效果所在位置】Ch04/ 效果 / 为脚步声添加混响效果 .mp3。

（1）选择"文件 > 打开"命令，在弹出的"打开文件"对话框中，选择云盘中的"Ch04/素材 / 为脚步声添加混响效果 /01"文件，如图 4-133 所示。单击"打开"按钮打开文件，"编辑器"面板如图 4-134 所示。

 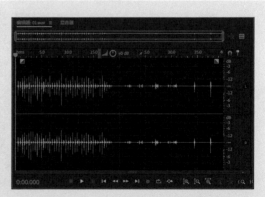

图 4-133 　　　　　　　　　　　　　　　图 4-134

（2）选择"效果 > 振幅与压限 > 标准化（处理）"命令，在弹出的"标准化"对话框中进行设置，如图 4-135 所示。单击"应用"按钮，应用标准化效果，效果如图 4-136 所示。

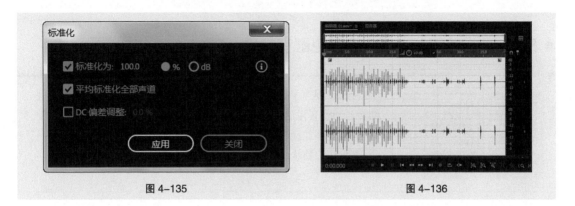

图 4-135   图 4-136

（3）选择"效果 > 混响 > 室内混响"命令，弹出"效果 - 室内混响"对话框，在"预设"选项的下拉列表中选择"大厅"选项，如图 4-137 所示。单击"应用"按钮，应用室内混响效果，效果如图 4-138 所示。

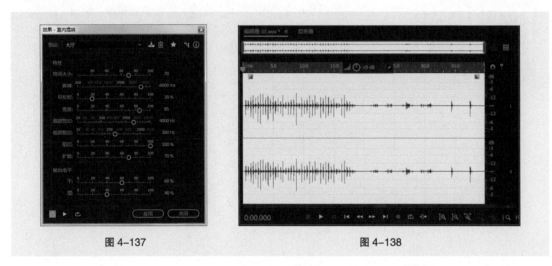

图 4-137   图 4-138

（4）选择"文件 > 另存为"命令，在弹出的"另存为"对话框中进行设置，如图 4-139 所示。为脚步声添加混响效果操作完成，单击"编辑器"面板下方的"播放"按钮▶，监听最终的声音效果。

图 4-139

4.8 习题

4.8.1 课堂练习——制作多角色配音效果

【练习知识要点】使用"打开"命令，打开文件；使用"标准化（处理）"命令，调整音量的大小；使用"采集噪声样本"命令，降低噪声；使用"伸缩与变调"命令，制作变调效果。

【效果所在位置】Ch04/ 效果 / 制作多角色配音效果 .mp3。

4.8.2 课后习题——制作 DJ 舞曲串烧效果

【习题知识要点】使用"新建"命令，新建多轨项目；使用"包络"命令，调整音频块的淡入与淡出效果。

【效果所在位置】Ch04/ 效果 / 制作 DJ 舞曲串烧效果 .mp3。

第5章
动画的编辑与制作

05

▶ 本章介绍

　　在新媒体时代，传统的手绘已不再是动画的主要制作方式，新媒体动画的制作方式、信息载体、表现形式甚至传播渠道较传统媒体动画都发生了巨大的变化。本章将对动画的基础知识、Animate 的基础知识、基本动画的制作、高级动画的制作以及交互式动画的制作方法进行系统讲解与演练。通过本章的学习，读者可以对新媒体中的动画技术有一个基本的认识，从而快速掌握制作新媒体中常用的动画制作方法。

学习目标

- 了解动画的基础知识。
- 熟练掌握 Animate 的基础知识。
- 掌握基本动画的制作方法。
- 掌握高级动画的制作方法。
- 掌握交互式动画的制作方法。

动画的编辑
与制作

技能目标

- 掌握"微信 GIF 表情包"的制作方法。
- 掌握"社交媒体类微信公众号动态引导关注"的制作方法。
- 掌握"化妆品类微信公众号文章配图"的制作方法。
- 掌握"服装饰品类公众号封面首图动画"的制作方法。
- 掌握"食品餐饮行业产品营销 H5"的制作方法。
- 掌握"家居装修行业产品推广 H5"的制作方法。

5.1 动画的基础知识

动画的基础
知识

　　新媒体动画编辑与制作可以理解为运用新媒体技术对动画进行制作及处理。随着动画制作技术的发展，动画的表现形式越发丰富，受众也越发广泛，如 2019 年票房破 50亿元的动画电影《哪吒之魔童降世》。本节将通过讲解新媒体动画的基础知识，帮助读者更好地了解相关知识，为后续的操作学习打下基础。

5.1.1 新媒体动画的基本概念

　　新媒体动画（New Media Animation）是建立在以数字技术为制作核心，将新媒体作为信息载体，通过数字动画的表现形式，以互联网、移动互联网以及数字电视等渠道进行传播的动画，图 5-1所示是由荷兰设计师丹尼斯·斯内伦伯格创作的新媒体网页动画。

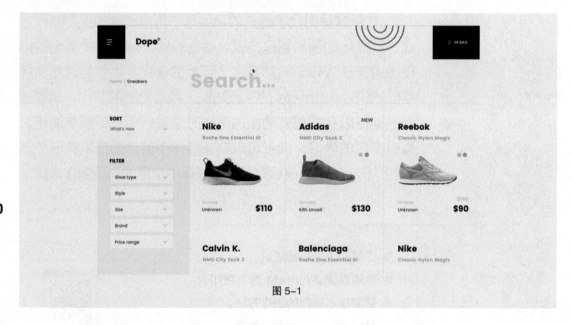

图 5-1

5.1.2 新媒体动画的基本特点

　　新媒体动画的基本特点可以分为多样化、先进化、互动化、碎片化及成人化 5 个方面，如图 5-2所示。

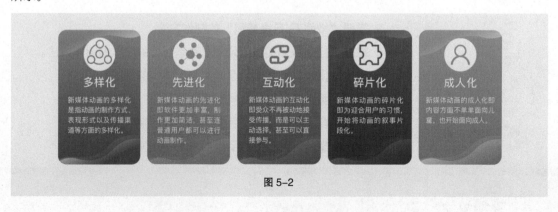

图 5-2

5.1.3　新媒体动画的常见类型

　　新媒体动画的常见类型根据内容主要可以分为剧情动画、展示动画、表情动画及游戏动画4种类型。

1. 剧情动画

　　剧情动画即具备故事情节的动画。这类动画通常表现形式丰富、内容情节紧凑，吸引着大批用户观看。根据制作的体量，剧情动画可分为动画影片、动画短片以及动画剧集，如图5-3所示。

（a）动画影片《哪吒之魔童降世》的剧照

（b）动画短片《失物招领》的剧照

（c）动画剧集《画江湖之不良人Ⅲ》的剧照

图5-3

2. 展示动画

展示动画即不具备故事情节，只是对需要进行传播的内容和信息进行展示的动画。这类动画通常整体时长较短、内容信息丰富，动画与内容的巧妙结合吸引着大批用户观看。展示动画的使用范围非常广，例如 App 产品、H5 广告以及微信公众号等都运用了展示动画，如图 5-4 所示。

（a）高德地图App的引导　　　（b）《假条在手，天下我有》　　　（c）微信公众号"一芳水果茶"
页使用了展示动画　　　　　　的H5使用了展示动画　　　　　　文章顶部使用了展示动画

图 5-4

3. 表情动画

表情动画即用于表示感情的动态画面，一系列的表情动画组成了表情包。这类动画本质上风趣搞笑、构图夸张，被广泛用于 QQ、微信以及微博等社交软件中。表情动画多以时下流行的动漫、公众人物、语言等为创作来源，如图 5-5 所示。

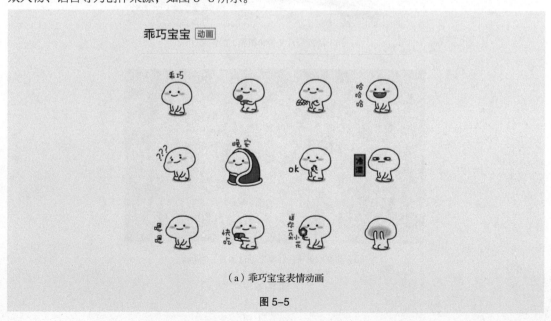

（a）乖巧宝宝表情动画

图 5-5

胖尾柴拉小K①

（b）胖尾柴拉小K表情动画

胖萌小呆呆 [动画]

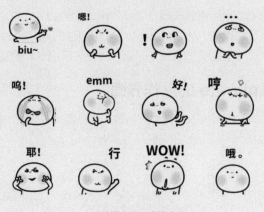

（c）胖萌小呆呆表情动画

图5-5（续）

4. 游戏动画

游戏动画即新媒体游戏中的交互式动画。这类动画通常镜头丰富、画面细腻，令游戏玩家沉浸其中。动画也会因游戏的风格类型不同而发生变化，如图5-6所示。

（a）《不义联盟：人间之神》游戏动画　　　（b）《狂野飙车9》游戏动画　　　（c）《实况足球》游戏动画

图5-6

5.1.4　新媒体动画的制作流程

新媒体动画的制作流程可以分成 3 个阶段，即前期策划、中期制作以及后期合成。其中前期策划包括文案脚本、美术设定以及原画分镜，中期制作主要体现在动画制作，后期合成主要体现在配音剪辑。通常动画还会进行试映宣传，新媒体动画制作流程如图 5-7 所示。

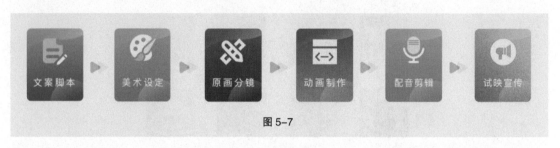

图 5-7

5.2　Animate 的基础知识

Animate CC 是由原 Adobe Flash Professional CC 更名而来，是一款专业的动画制作软件。本节将详细讲解 Animate CC 的基础知识和基本操作。读者通过本节的学习要对 Animate CC 有初步的认识和了解，并能够掌握软件的基本操作方法和技巧。

5.2.1　Animate 的操作界面

Animate CC 2018 的操作界面由以下几部分组成：菜单栏、工具箱、时间轴、场景和舞台、"属性"面板以及浮动面板，如图 5-8 所示。下面一一进行介绍。

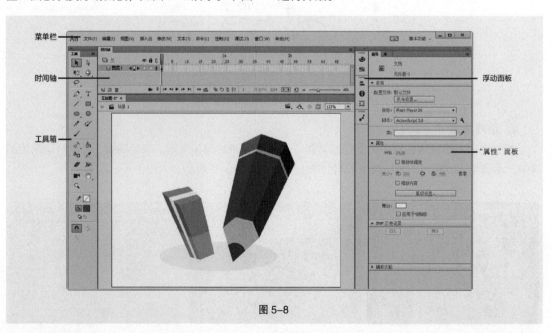

图 5-8

1. 菜单栏

Animate CC 2018 的菜单栏依次分为"文件"菜单、"编辑"菜单、"视图"菜单、"插入"菜单、

"修改"菜单、"文本"菜单、"命令"菜单、"控制"菜单、"调试"菜单、"窗口"菜单及"帮助"菜单,如图 5-9 所示。

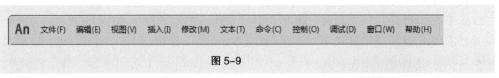

图 5-9

2. 工具箱

工具箱提供了绘制和编辑图形的各种工具,分为"工具""查看""颜色""属性"4 个功能区,如图 5-10 所示。选择"窗口 > 工具"命令或按 Ctrl+F2 组合键,可以调出工具箱。

3. 时间轴

时间轴用于组织和控制文件内容在一定时间内的播放。按照功能的不同,时间轴窗口分为左右两部分,分别为层控制区和时间线控制区,如图 5-11 所示。时间轴的主要组件是层、帧和播放头。

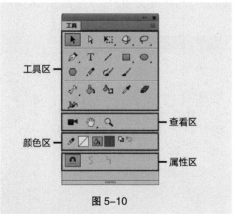

图 5-10

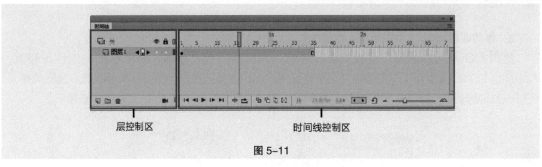

图 5-11

4. 场景和舞台

场景是所有动画元素的最大活动空间,如图 5-12 所示。像多幕剧一样,场景可以不止一个。要查看特定场景,可以选择"视图 > 转到"命令,再从其子菜单中选择场景的名称。

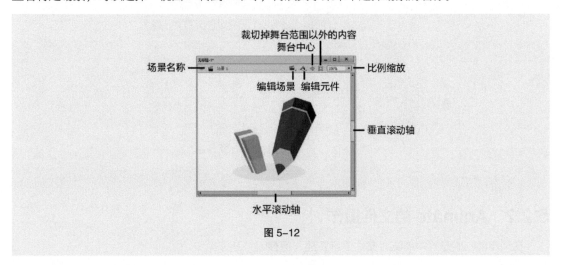

图 5-12

场景也就是常说的舞台，是编辑和播放动画的矩形区域。在舞台上可以放置和编辑矢量插图、文本框、按钮、导入的位图图形、视频剪辑等对象。舞台包括对大小、颜色等方面的设置。

5. "属性"面板

对于正在使用的工具或资源，使用"属性"面板可以很容易地查看和更改它们的属性，从而简化文档的创建过程。当选定单个对象时，如文本、组件、形状、位图、视频、组、帧等，"属性"面板可以显示相应的信息和设置，如图5-13所示。当选定了两个或多个不同类型的对象时，"属性"面板会显示选定对象的组，如图5-14所示。

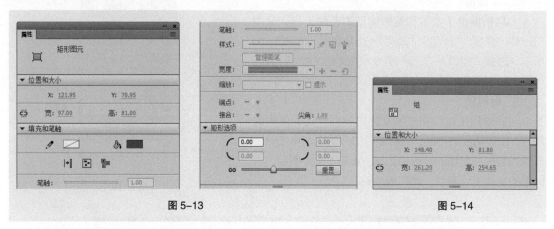

图5-13　　　　　　　　　　　　　　　　　　　　图5-14

6. 浮动面板

使用此面板可以查看、组合和更改资源。但屏幕的大小有限，为了尽量使工作区最大，Animate CC 2018提供了许多种自定义工作区的方式，如可以通过"窗口"菜单来显示或隐藏面板，还可以通过拖动鼠标指针来调整面板的大小以及重新组合面板，如图5-15和图5-16所示。

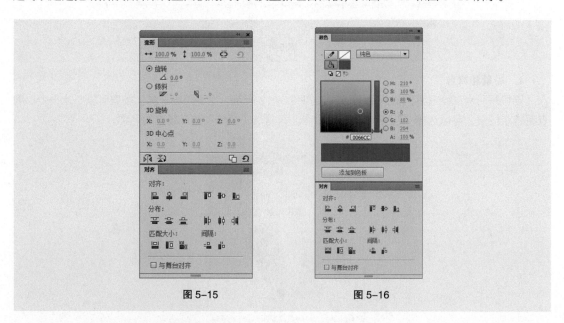

图5-15　　　　　　　　　　　　　　　　　　　　图5-16

5.2.2　Animate 的文件操作

在制作动画的过程中需要对文件进行新建、保存或打开等操作。

1. 新建文件

新建文件是使用 Animate CC 2018 进行设计的第一步。

选择"文件 > 新建"命令或按 Ctrl+N 组合键，弹出"新建文档"对话框，如图 5-17 所示。在对话框的左侧区域中可以选择要创建的文档的类型，在右侧区域中可以设置需要的宽、高、标尺单位、帧频和背景颜色等，设置好后单击"确定"按钮，即可完成新建文件的任务，如图 5-18 所示。

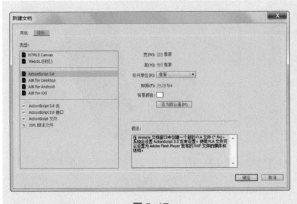

图 5-17

图 5-18

2. 保存文件

编辑和制作完动画后，就需要将动画文件进行保存。

通过"文件 > 保存""文件 > 另存为"等命令可以将文件保存在磁盘上，如图 5-19 所示。对设计好的作品进行第一次存储时，选择"保存"命令或按 Ctrl+S 组合键，将弹出"另存为"对话框，如图 5-20 所示。在对话框中输入文件名，选择保存类型，单击"保存"按钮，即可将动画保存。

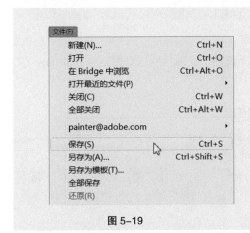

图 5-19

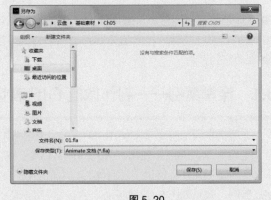

图 5-20

提示：当对已经保存过的动画文件进行了各种编辑操作后，选择"保存"命令，将不再弹出"另存为"对话框，计算机会直接保留最终确认的结果，并覆盖原始文件。因此，在未确定要放弃原始文件之前，应慎用此命令。

若既要保留修改过的文件，又不想放弃原文件，可以选择"文件 > 另存为"命令或按 Ctrl+Shift+S 组合键，弹出"另存为"对话框。在对话框中，可以为更改过的文件重新命名、选择路径、设定保存类型，然后进行保存，这样原文件就会保持不变。

3. 打开文件

如果要修改已完成的动画文件，必须先将其打开。

选择"文件 > 打开"命令，弹出"打开"对话框，在对话框中搜索路径和文件，确认文件类型和名称，如图 5-21 所示。单击"打开"按钮或直接双击文件，即可打开指定的动画文件，如图 5-22 所示。

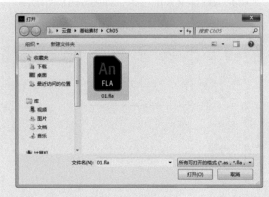

图 5-21

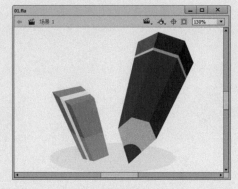

图 5-22

提示： 在"打开"对话框中，也可以一次同时打开多个文件，只要在文件列表中将所需的几个文件选中，并单击"打开"按钮，系统就会逐个打开这些文件，这样可以避免反复调用"打开"对话框。在"打开"对话框中，按住 Ctrl 键的同时，用鼠标单击文件的缩略图可以选择不连续的文件；按住 Shift 键，用鼠标单击文件的缩略图可以选择连续的文件。

5.3　基本动画的制作

基本动画主要是通过 Animate CC 中的时间轴和帧等功能进行制作的。本节将通过讲解制作微信 GIF 表情包及社交媒体类微信公众号动态引导关注两个案例，让读者快速掌握运用 Animate CC 制作基本动画的方法。

5.3.1　课堂案例——制作微信 GIF 表情包

【案例学习目标】学习使用"时间轴"面板制作动画效果。

【案例知识要点】使用"导入到库"命令，导入素材文件；使用"新建元件"命令，制作文字的图形元件；使用"复制帧"与"粘贴帧"命令，复制与粘贴帧；使用"变形"面板，缩放实例，效果如图 5-23 所示。

【效果所在位置】Ch05/ 效果 / 制作微信 GIF 表情包 .fla。

扫码观察
本案例视频

图 5-23

1. 导入文件并制作图形元件

（1）选择"文件 > 新建"命令，弹出"新建文档"对话框，在"常规"选项卡中选择"ActionScript 3.0"选项，将"宽"选项和"高"选项均设为240，"背景颜色"设为粉色（#F5AAFF），单击"确定"按钮，完成文档的创建。

（2）选择"文件 > 导入 > 导入到库"命令，在弹出的"导入到库"对话框中，选择云盘中的"Ch05/ 素材 / 制作微信 GIF 表情包 /01、02、03"文件，单击"打开"按钮，将文件导入"库"面板中，如图 5-24 所示。

（3）按 Ctrl+F8 组合键或"新建元件"命令，弹出"创建新元件"对话框，在"名称"选项的文本框中输入"飞"，在"类型"选项下拉列表中选择"图形"选项，如图 5-25 所示。单击"确定"按钮，新建图形元件"飞"，如图 5-26 所示。舞台窗口也随之转换为图形元件的舞台窗口。

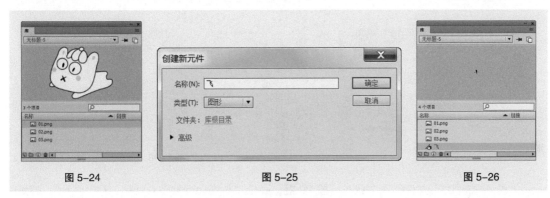

图 5-24   图 5-25   图 5-26

（4）将"图层 1"重命名为"文字"。选择"文本"工具 T，在文本工具"属性"面板中进行设置，在舞台窗口中适当的位置输入大小为 37、字体为"汉仪萝卜体简"的蓝色（#1283F5）文字，文字效果如图 5-27 所示。

（5）选择"选择"工具 ，在舞台窗口中选中文字，如图 5-28 所示。按 Ctrl+C 组合键，复制选中的文字。单击"时间轴"面板下方的"新建图层"按钮 ，创建新图层并将其命名为"描边"。

（6）按 Ctrl+Shift+V 组合键，将复制的文字原位粘贴到"描边"图层中。保持文字的选中状态，按 Ctrl+B 组合键，将文字打散，效果如图 5-29 所示。

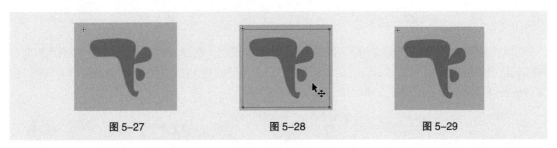

图 5-27   图 5-28   图 5-29

（7）选择"墨水瓶"工具 ，在墨水瓶工具"属性"面板中，将"笔触颜色"设为白色，"笔触"选项设为 3，将鼠标指针放置在文字的边缘，如图 5-30 所示，单击鼠标为文字添加描边，效果如图 5-31 所示。用相同的方法为其他笔画添加描边，效果如图 5-32 所示。在"时间轴"面板中将"描边"图层拖曳到"文字"图层的下方，效果如图 5-33 所示。用上述方法制作图形元件"呀"，效果如图 5-34 所示。

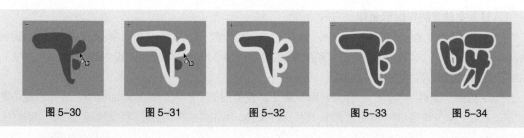

| 图 5-30 | 图 5-31 | 图 5-32 | 图 5-33 | 图 5-34 |

2. 制作场景动画

（1）在"属性"面板中，将"背景颜色"设为白色。单击舞台窗口左上方的"场景1"图标 █████ 场景1，进入"场景1"的舞台窗口。将"图层1"重新命名为"云"，如图5-35所示。将"库"面板中的位图"03"拖曳到舞台窗口中，并放置在适当的位置，如图5-36所示。

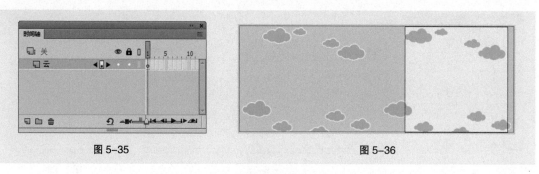

图 5-35　　　　　　　　　　　　　　　　　图 5-36

（2）保持"03"文件的选中状态，按F8键，弹出"转换为元件"对话框，在"名称"选项的文本框中输入"云"，在"类型"选项的下拉列表中选择"图形"选项，其他选项的设置如图5-37所示。单击"确定"按钮，将"03"文件转换为图形元件，效果如图5-38所示。

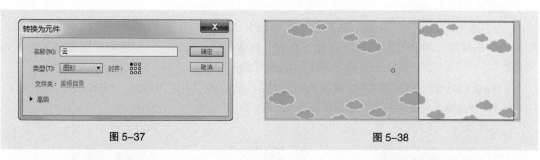

图 5-37　　　　　　　　　　　　　　　　　图 5-38

（3）选中"云"图层的第20帧，按F6键，插入关键帧。在舞台窗口中将"云"实例水平向右拖曳到适当的位置，如图5-39所示。用鼠标右击"云"图层的第1帧，在弹出的快捷菜单中选择"创建传统补间"命令，生成传统补间动画，如图5-40所示。

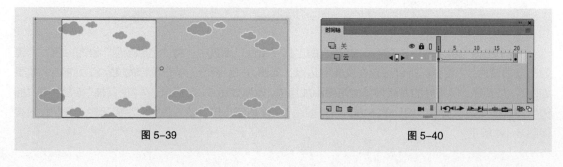

图 5-39　　　　　　　　　　　　　　　　　图 5-40

（4）按住 Shfit 键的同时，单击第 20 帧，将第 1 帧至第 20 帧之间的帧全部选中，如图 5-41 所示。按 Ctrl+Alt+C 组合键或使用"复制帧"命令，对选中的帧进行复制。选中第 21 帧，按 Ctrl+Alt+V 组合键或使用"粘贴帧"命令，对复制的帧进行粘贴，效果如图 5-42 所示。

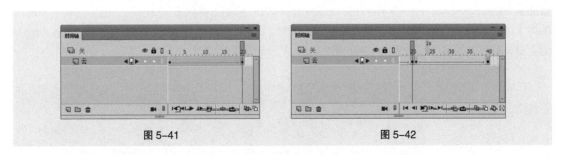

图 5-41   图 5-42

（5）单击"时间轴"面板下方的"新建图层"按钮，创建新图层并将其命名为"小猫"。将 "库"面板中的位图"01"拖曳到舞台窗口中，并放置在适当的位置，如图 5-43 所示。

（6）选中"小猫"图层的第 21 帧，按 F6 键，插入关键帧。选择"选择"工具，在舞台窗 口中选中"01"文件，在位图"属性"面板中单击"交换"按钮，在弹出的"交换位图"对话框中 选中"02"文件，如图 5-44 所示。单击"确定"按钮，效果如图 5-45 所示。

图 5-43   图 5-44   图 5-45

（7）单击"时间轴"面板下方的"新建图层"按钮，创建新图层并将其命名为"文字"。选 中"文字"图层的第 1 帧，分别将"库"面板中的图形元件"飞"和"呀"拖曳到舞台窗口中，并 放置在适当的位置，如图 5-46 所示。

（8）选中"文字"图层的第 11 帧，按 F6 键，插入关键帧。选中"文字"图层的第 1 帧，在舞 台窗口中选中"飞"实例，按 Ctrl+T 组合键，弹出"变形"面板，将"缩放宽度"选项和"缩放高度" 选项均设为 80.0%，如图 5-47 所示。设置后的效果如图 5-48 所示。

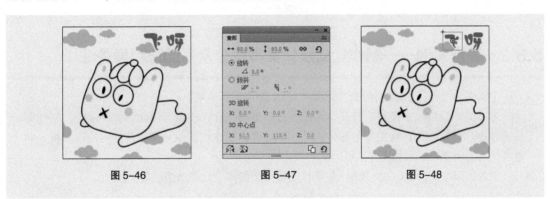

图 5-46   图 5-47   图 5-48

（9）选中"文字"图层的第 11 帧，在舞台窗口中选中"呀"实例，在"变形"面板中将"缩放宽度"选项和"缩放高度"选项均设为 80.0%，效果如图 5-49 所示。

（10）选中"文字"图层的第 1 帧，按 Ctrl+Alt+C 组合键，复制选中的帧。选中"文字"图层的第 21 帧，按 Ctrl+Alt+V 组合键，对复制的帧进行粘贴，如图 5-50 所示。选中"文字"图层的第 11 帧，按 Ctrl+Alt+C 组合键，复制选中的帧。选中"文字"图层的第 31 帧，按 Ctrl+Alt+V 组合键，对复制的帧进行粘贴，如图 5-51 所示。

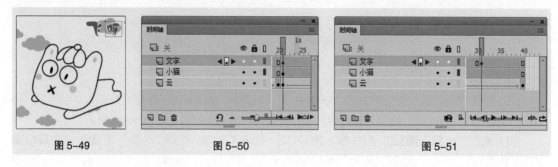

图 5-49　　　　　　　　　图 5-50　　　　　　　　　图 5-51

（11）微信 GIF 表情包制作完成。选择"文件 > 导出 > 导出动画 GIF"命令，弹出"导出图像"对话框，在"名称"选项的下拉列表中选择"原来"选项，其他选项的设置如图 5-52 所示，单击"保存"按钮，将制作的动画保存为 GIF 动画。

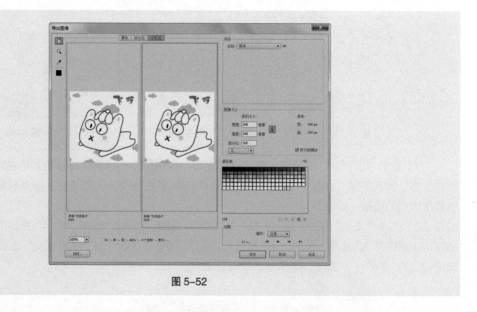

图 5-52

5.3.2　课堂案例——制作社交媒体类微信公众号动态引导关注

【案例学习目标】学习使用"时间轴"面板制作动画效果。

【案例知识要点】使用"打开"命令，打开素材文件；使用"创建元件"命令，制作图片元和影片剪辑元件；使用"创建传统补间"命令，制作动画效果；使用"属性"面板，调整实例的透明度，效果如图 5-53 所示。

【效果所在位置】Ch05/ 效果 / 制作社交媒体类微信公众号动态引导关注 .fla。

图 5-53

1. 打开文件并制作元件

（1）按 Ctrl+O 组合键或使用"打开"命令，在弹出的"打开"对话框中，选择云盘中的"Ch05/ 素材 / 制作社交媒体类微信公众号动态引导关注 /01"文件，单击"打开"按钮，将其打开。

（2）按 Ctrl+F8 组合键，弹出"创建新元件"对话框，在"名称"选项的文本框中输入"车轮"，在"类型"选项的下拉列表中选择"图形"选项，如图 5-54 所示。单击"确定"按钮，新建图形元件"车轮"，如图 5-55 所示。舞台窗口也随之转换为图形元件的舞台窗口。

（3）将"库"面板中的位图"03"拖曳到舞台窗口中并放置在适当的位置，如图 5-56 所示。

图 5-54　　　　　　　　　图 5-55　　　　　　　　　图 5-56

（4）在"库"面板中创建影片剪辑元件"车轮动"。将"库"面板中的图形元件"车轮"拖曳到舞台窗口中，如图 5-57 所示。选中"图层 _1"的第 15 帧，按 F6 键，插入关键帧。用鼠标右击"图层_1"的第 1 帧，在弹出的快捷菜单中选择"创建传统补间"命令，生成传统补间动画，如图 5-58 所示。

（5）选中"图层 _1"的第 1 帧，在帧"属性"面板中选择"补间"选项组，在"旋转"选项的下拉列表中选择"顺时针"选项，将"旋转次数"设.为 1，如图 5-59 所示。

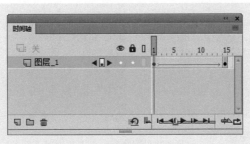

图 5-57　　　　　　　　　图 5-58　　　　　　　　　图 5-59

（6）在"库"面板中创建影片剪辑元件"人物1"。将"图层_1"重命名为"人物"。将"库"面板中的位图"02"拖曳到舞台窗口中并放置在适当的位置，如图5-60所示。

（7）在"时间轴"面板中创建新图层并将其命名为"车轮"。将"库"面板中的影片剪辑元件"车轮动"拖曳到舞台窗口中并放置在适当的位置，如图5-61所示。

（8）选择"选择"工具 ，选择"车轮"实例，按住Alt键的同时拖曳鼠标指针到适当的位置，复制"车轮"实例，效果如图5-62所示。在"时间轴"面板中将"车轮"图层拖曳到"人物"图层的下方，效果如图5-63所示。

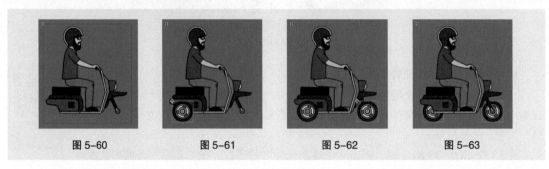

图5-60　　　　　图5-61　　　　　图5-62　　　　　图5-63

（9）在"库"面板中用鼠标右击影片剪辑元件"人物1"，在弹出的快捷菜单中选择"直接复制"命令，在弹出的"直接复制元件"对话框中进行设置，如图5-64所示。单击"确定"按钮，新建影片剪辑元件"人物1动"，如图5-65所示。

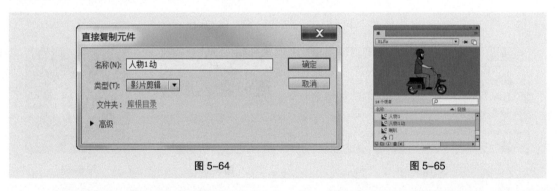

图5-64　　　　　　　　　　　　图5-65

（10）在"库"面板中双击影片剪辑元件"人物1动"，进入影片剪辑元件的舞台窗口。选中"车轮"图层的第5帧，按F5键，插入普通帧。选中"人物"图层的第3帧、第5帧，按F6键，分别插入关键帧，如图5-66所示。

（11）选中"人物"图层的第3帧，在舞台窗口中选中图5-67所示的图像，按5次向上的方向键，移动图像的位置，效果如图5-68所示。

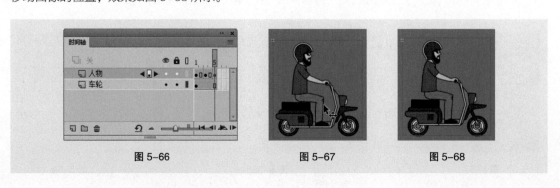

图5-66　　　　　　图5-67　　　　　　图5-68

（12）在"库"面板中创建影片剪辑元件"人物2动"。将"图层1"重命名为"身体"。将"库"面板中的位图"04"拖曳到舞台窗口中并放置在适当的位置，如图5-69所示。选中"身体"图层的第8帧，按F5键，插入普通帧。

（13）在"时间轴"面板中创建新图层并将其命名为"头"。将"库"面板中的位图"05"拖曳到舞台窗口中并放置在适当的位置，如图5-70所示。选中"头"图层的第5帧，按F6键，插入关键帧。在舞台窗口中选中"头"图层，按3次向下的方向键，移动其位置，效果如图5-71所示。

（14）在"时间轴"面板中创建新图层并将其命名为"圆点"。将"库"面板中的影片剪辑元件"闪烁"拖曳到舞台窗口中并放置在适当的位置，如图5-72所示。

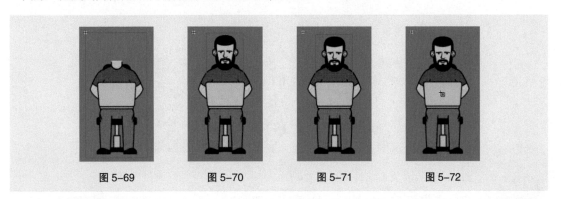

图5-69　　　　　　图5-70　　　　　　图5-71　　　　　　图5-72

2. 制作左侧人物

（1）单击舞台窗口左上方的"场景1"图标 ，进入"场景1"的舞台窗口。在"时间轴"面板中创建新图层并将其命名为"人物1"。将"库"面板中的影片剪辑元件"人物1"拖曳到舞台窗口中，并放置在适当的位置，如图5-73所示。

（2）选中"人物1"图层的第10帧、第15帧、第25帧、第30帧，按F6键，插入关键帧。选中"人物1"图层的第1帧，在舞台窗口中将"人物1"实例水平向左拖曳到适当的位置，如图5-74所示。

图5-73　　　　　　　　　　　　　　　　　　　图5-74

（3）用鼠标右击"人物1"图层的第1帧，在弹出的快捷菜单中选择"创建传统补间"命令，生成传统补间动画。

（4）选中"人物1"图层的第15帧，在舞台窗口中选中"人物1"实例，如图5-75所示。在实例"属性"面板中，单击"交换"按钮，在弹出的"交换元件"对话框中，选中影片剪辑元件"人物1动"，如图5-76所示。单击"确定"按钮，完成影片剪辑元件的交换。

（5）选中"人物1"图层的第30帧，在舞台窗口中将"人物1"实例水平向右拖曳到适当的位置，如图5-77所示。用鼠标右击"人物1"图层的第25帧，在弹出的快捷菜单中选择"创建传统补间"命令，生成传统补间动画。

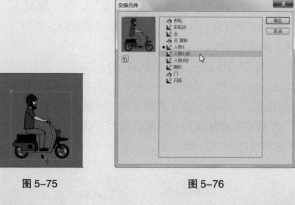

图 5-75　　　　　　　　　　　　　　图 5-76

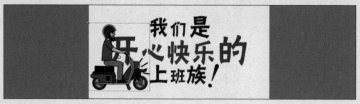

图 5-77

（6）在"时间轴"面板中创建新图层并将其命名为"右门"。选中"右门"图层的第20帧，按F6键，插入关键帧。将"库"面板中的图形元件"门"拖曳到舞台窗口中并放置在适当的位置，如图5-78所示。

（7）在"时间轴"面板中创建新图层并将其命名为"左门"。选中"左门"图层的第20帧，按F6键，插入关键帧。将"库"面板中的图形元件"门"拖曳到舞台窗口中，并放置在适当的位置，如图5-79所示。

（8）选择"任意变形"工具，在实例的周围出现控制框，按住Shift键的同时，将其等比例缩小并拖曳到适当的位置，效果如图5-80所示。

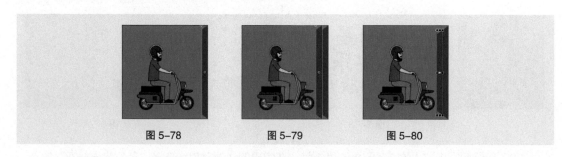

图 5-78　　　　　　　　　图 5-79　　　　　　　　　图 5-80

（9）选中"右门"图层的第25帧，按F6键，插入关键帧。选中"右门"图层的第20帧，在舞台窗口中选中该层中的"门"实例，在图形"属性"面板中选择"色彩效果"选项组，在"样式"选项的下拉列表中选择"Alpha"，将其值设为0，如图5-81所示。设置后的效果如图5-82所示。

（10）用鼠标右击"右门"图层的第20帧，在弹出的快捷菜单中选择"创建传统补间"命令，生成传统补间动画。

（11）选中"左门"图层的第25帧，按F6键，插入关键帧。选中"左门"图层的第20帧，在舞台窗口中选中该层中的"门"实例，在图形"属性"面板中选择"色彩效果"选项组，在"样式"选项的下拉列表中选择"Alpha"，将其值设为0，效果如图5-83所示。

图 5-81　　　　　　　　　图 5-82　　　　　　　　图 5-83

（12）用鼠标右击"左门"图层的第 20 帧，在弹出的快捷菜单中选择"创建传统补间"命令，生成传统补间动画。

（13）在"时间轴"面板中将"左门"图层拖曳到"人物 1"图层的下方。选中"左门"图层的第 30 帧，按 F6 键，插入关键帧。在舞台窗口中将该层中的"门"实例拖曳到适当的位置，如图 5-84 所示。用鼠标右击"左门"图层的第 25 帧，在弹出的快捷菜单中选择"创建传统补间"命令，生成传统补间动画。

（14）选中"左门"图层的第 35 帧，按 F6 键，插入关键帧。在舞台窗口中选中该图层中的"门"实例，在图形"属性"面板中选择"色彩效果"选项组，在"样式"选项的下拉列表中选择"Alpha"，将其值设为 0，效果如图 5-85 所示。

（15）用鼠标右击"左门"图层的第 30 帧，在弹出的快捷菜单中选择"创建传统补间"命令，生成传统补间动画。

（16）选中"右门"图层的第 30 帧、第 35 帧，按 F6 键，分别插入关键帧。在舞台窗口中选中该图层中的"门"实例，在图形"属性"面板中选择"色彩效果"选项组，在"样式"选项的下拉列表中选择"Alpha"，将其值设为 0，效果如图 5-86 所示。

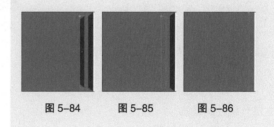

图 5-84　　　　　图 5-85　　　　　图 5-86

（17）用鼠标右击"右门"图层的第 30 帧，在弹出的快捷菜单中选择"创建传统补间"命令，生成传统补间动画。

3．制作右侧人物

（1）选中"右门"图层的第 40 帧，按 F7 键，插入空白关键帧。将"库"面板中的图形元件"门"拖曳到舞台窗口中，并放置在适当的位置，如图 5-87 所示。按 Ctrl+T 组合键，弹出"变形"面板，单击面板下方的"水平翻转"按钮 ，将其水平翻转，效果如图 5-88 所示。

扫码观看本案例视频 3

（2）选中"左门"图层的第 25 帧，按 Ctrl+C 组合键，复制该帧中的图像。选中"左门"图层的第 40 帧，按 F7 键，插入空白关键帧。按 Ctrl+Shift+V 组合键，将复制的图像原位粘贴到"左门"图层的第 40 帧中，如图 5-89 所示。单击"变形"面板下方的"水平翻转"按钮，将其水平翻转，效果如图 5-90 所示。

（3）选择"选择"工具，在舞台窗口中选中"左门"图层第 40 帧中的"门"实例，并将其向右拖曳到适当的位置，如图 5-91 所示。

图 5-87　　　　　　　　图 5-88

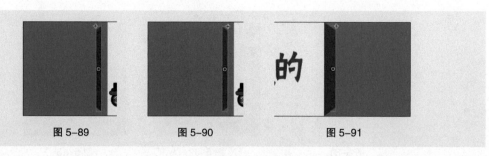

图 5-89　　　　　　　　　　图 5-90　　　　　　　　　　图 5-91

（4）选中"右门"图层的第 45 帧，按 F6 键，插入关键帧。选中"右门"图层的第 40 帧，在舞台窗口中选中该层中的"门"实例，在图形"属性"面板中选择"色彩效果"选项组，在"样式"选项的下拉列表中选择"Alpha"，将其值设为 0，效果如图 5-92 所示。

（5）用鼠标右击"右门"图层的第 40 帧，在弹出的快捷菜单中选择"创建传统补间"命令，生成传统补间动画。

（6）选中"左门"图层的第 45 帧，按 F6 键，插入关键帧。选中"左门"图层的第 40 帧，在舞台窗口中选中该层中的"门"实例，在图形"属性"面板中选择"色彩效果"选项组，在"样式"选项的下拉列表中选择"Alpha"，将其值设为 0，效果如图 5-93 所示。

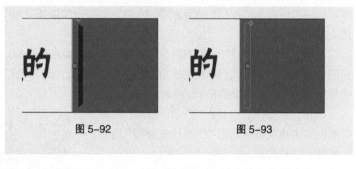

图 5-92　　　　　　　　图 5-93

（7）用鼠标右击"左门"图层的第 40 帧，在弹出的快捷菜单中选择"创建传统补间"命令，生成传统补间动画。

（8）选中"左门"图层的第 50 帧，按 F6 键，插入关键帧。在舞台窗口中将该层中的"门"实例拖曳到适当的位置，如图 5-94 所示。用鼠标右击"左门"图层的第 45 帧，在弹出的快捷菜单中选择"创建传统补间"命令，生成传统补间动画。

（9）选中"左门"图层的第 55 帧，按 F6 键，插入关键帧。在舞台窗口中选中该层中的"门"实例，在图形"属性"面板中选择"色彩效果"选项组，在"样式"选项的下拉列表中选择"Alpha"，将其值设为 0，效果如图 5-95 所示。

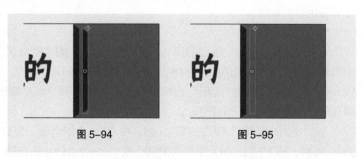

图 5-94　　　　　　　　图 5-95

（10）用鼠标右击"左门"图层的第 50 帧，在弹出的快捷菜单中选择"创建传统补间"命令，生成传统补间动画。

（11）选中"右门"图层的第 50 帧、第 55 帧，按 F6 键，分别插入关键帧。选中"右门"图层的第 55 帧，在舞台窗口中选中该层中的"门"实例，在图形"属性"面板中选择"色彩效果"选项组，在"样式"选项的下拉列表中选择"Alpha"，将其值设为 0，效果如图 5-96 所示。

（12）用鼠标右击"右门"图层的第 50 帧，在弹出的快捷菜单中选择"创建传统补间"命令，生成传统补间动画。

（13）在"时间轴"
面板中创建新图层并将其
命名为"人物2"。选中"人物
2"图层的第45帧，按
F6键，插入关键帧。将"库"
面板中的影片剪辑元件"人
物2动"拖曳到舞台窗口
中，并放置在适当的位置，
如图5-97所示。

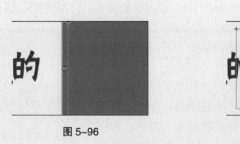
图5-96

图5-97

（14）选中"人物2"图层的第50帧，按F6键，插入关键帧。在舞台窗口中将"人物2动"
实例水平向右拖曳到适当的位置，如图5-98所示。用鼠标右击"人物2"图层的第45帧，在弹出
的快捷菜单中选择"创建传统补间"命令，生成传统补间动画。

（15）选中"人物2"
图层的第65帧、第70帧，
按F6键，分别插入关键帧。
选中"人物2"图层的第
70帧，在舞台窗口中将
"人物2动"实例水平向
右拖曳到适当的位置，如
图5-99所示。用鼠标右
击"人物2"图层的第65帧，
在弹出的快捷菜单中选择"创建传统补间"命令，生成传统补间动画。

图5-98　　　　　　　　　　　　　　　图5-99

（16）在"时间轴"面板中将"人物2"图层拖曳到"右门"图层的下方。将"文字"图层和"矩
形"图层拖曳到"右门"图层的上方，如图5-100所示。

（17）选中"矩形"图层，将该层中的对象选中。选择"滴管"工具［］，在舞台窗口中的蓝色
背景区域单击鼠标以吸取颜色，效果如图5-101所示。社交媒体类微信公众号动态引导关注制作完成，
按Ctrl+Enter组合键即可查看效果。

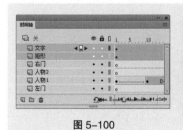
图5-100

图5-101

5.4　高级动画的制作

高级动画主要是通过Animate CC中的层功能进行制作的。本节将通过讲解制作化妆品类微信
公众号文章配图及制作服装饰品类公众号封面首图动画两个案例，让读者快速掌握运用Animate CC
制作高级动画的方法。

5.4.1 课堂案例——制作化妆品类微信公众号文章配图

【案例学习目标】学习使用"遮罩层"命令制作遮罩图层。

【案例知识要点】使用"基本矩形"工具和"基本椭圆"工具，制作形状动画；使用"创建补间形状"命令和"创建传统补间"命令，制作动画效果；使用"遮罩层"命令，制作遮罩动画效果，效果如图 5-102 所示。

【效果所在位置】Ch05/ 效果 / 制作化妆品类微信公众号文章配图 .fla。

扫码观看
本案例视频

图 5-102

1. 导入文件并制作图形元件

（1）选择"文件 > 新建"命令，弹出"新建文档"对话框，在"常规"选项卡中选择"ActionScript 3.0"选项，将"宽"选项和"高"选项均设为 1080，"背景颜色"设为蓝色（#55CAFF），单击"确定"按钮，完成文档的创建。

（2）选择"文件 > 导入 > 导入到库"命令，在弹出的"导入到库"对话框中，选择云盘中的"Ch05/ 素材 / 制作化妆品类微信公众号文章配图 /01 ~ 06"文件，单击"打开"按钮，将文件导入"库"面板中，如图 5-103 所示。

（3）按 Ctrl+F8 组合键，弹出"创建新元件"对话框，在"名称"选项的文本框中输入"水花"，在"类型"选项的下拉列表中选择"图形"选项，如图 5-104 所示。单击"确定"按钮，新建图形元件"水花"，如图 5-105 所示。舞台窗口也随之转换为图形元件的舞台窗口。

图 5-103

图 5-104

图 5-105

（4）将"库"面板中的位图"02"拖曳到舞台窗口中，并放置在适当的位置，如图 5-106 所示。用相同的方法分别将"库"面板中的位图"03""04""05""06"制作成图形元件"芦荟""化妆品1""化妆品2""标牌"，如图 5-107 所示。

图 5-106

图 5-107

2．制作底图动画

（1）单击舞台窗口左上方的"场景1"图标 ![场景1]，进入"场景1"的舞台窗口。将"图层1"重新命名为"底图"。将"库"面板中的位图"01"拖曳到舞台窗口中，并放置在与舞台中心重叠的位置，如图5-108所示。选中"底图"图层的第120帧，按F5键，插入普通帧，如图5-109所示。

（2）在"时间轴"面板中创建新图层并将其命名为"水花"。将"库"面板中的图形元件"水花"拖曳到舞台窗口中，并放置在适当的位置，如图5-110所示。

图5-108　　　　　　　　　　图5-109　　　　　　　　　　图5-110

（3）选中"水花"图层的第20帧，按F6键，插入关键帧。选中"水花"图层的第1帧，在舞台窗口中选中"水花"实例，在图形"属性"面板中选择"色彩效果"选项组，在"样式"选项的下拉列表中选择"Alpha"，将其值设为0，如图5-111所示。设置后的效果如图5-112所示。

（4）用鼠标右击"水花"图层的第1帧，在弹出的快捷菜单中选择"创建传统补间"命令，生成传统补间动画，如图5-113所示。

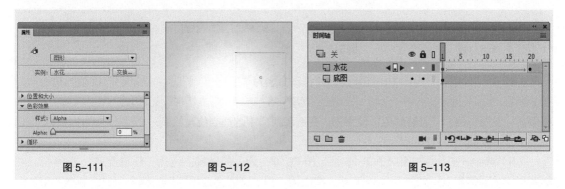

图5-111　　　　　　　　　　图5-112　　　　　　　　　　图5-113

（5）在"时间轴"面板中创建新图层并将其命名为"芦荟"。将"库"面板中的图形元件"芦荟"拖曳到舞台窗口中，并放置在适当的位置，如图5-114所示。

（6）选中"芦荟"图层的第20帧，按F6键，插入关键帧。选中"芦荟"图层的第1帧，在舞台窗口中选中"芦荟"实例，在图形"属性"面板中选择"色彩效果"选项组，在"样式"选项的下拉列表中选择"Alpha"，将其值设为0，如图5-115所示。设置后的效果如图5-116所示。

（7）用鼠标右击"芦荟"图层的第1帧，在弹出的快捷菜单中选择"创建传统补间"命令，生成传统补间动画。

3．制作产品动画

（1）在"时间轴"面板中创建新图层并将其命名为"化妆品1"。选中"化妆品1"图层的第15帧，按F6键，插入关键帧。将"库"面板中的图形元件"化妆品1"拖曳到舞台窗口中，并放置在适当的位置，如图5-117所示。

图 5-114　　　　　　　　　图 5-115　　　　　　　　　图 5-116

（2）选中"化妆品 1"图层的第 25 帧，按 F6 键，插入关键帧。选中"化妆品 1"图层的第 15
帧，在舞台窗口中选中"化妆品 1"实例，在图形"属性"面板中选择"色彩效果"选项组，在"样
式"选项的下拉列表中选择"Alpha"，将其值设为 0，按 Enter 键确认，效果如图 5-118 所示。

（3）用鼠标右击"化妆品 1"图层的第 1 帧，在弹出的快捷菜单中选择"创建传统补间"命令，
生成传统补间动画，如图 5-119 所示。

图 5-117　　　　　　　　　图 5-118　　　　　　　　　图 5-119

（4）在"时间轴"面板中创建新图层并将其命名为"形状 1"。选中"形状 1"图层的第 15 帧，
按 F6 键，插入关键帧。选中"形状 1"图层的第 25 帧，选择"基本矩形"工具██，在工具箱中将"填
充颜色"设为白色，"笔触颜色"设为无，在舞台窗口中的适当位置绘制一个宽于"化妆品 1"实例
的矩形，效果如图 5-120 所示。

（5）选中"形状 1"图层的第 25 帧，按 F6 键，插入关键帧。选择"任意变形"工具██，在
矩形周围出现控制点，如图 5-121 所示。按住 Alt 键的同时，选中矩形上侧中间的控制点并将其向
上拖曳到适当的位置，改变矩形的高度，效果如图 5-122 所示。

图 5-120　　　　　　　　　图 5-121　　　　　　　　　图 5-122

（6）用鼠标右击"形状 1"图层的第 15 帧，在弹出的快捷菜单中选择"创建补间形状"命令，

生成形状补间动画，如图5-123所示。在"形状1"图层上右击鼠标，在弹出的快捷菜单中选择"遮罩层"命令，将"形状1"图层设置为遮罩层，"化妆品1"图层为被遮罩层，如图5-124所示。

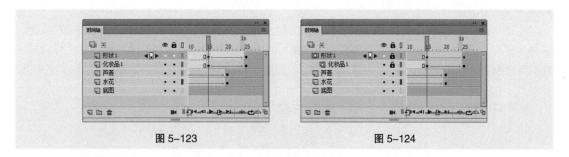

图5-123   图5-124

（7）在"时间轴"面板中创建新图层并将其命名为"化妆品2"。选中"化妆品2"图层的第30帧，按F6键，插入关键帧。将"库"面板中的图形元件"化妆品2"拖曳到舞台窗口中，并放置在适当的位置，如图5-125所示。

（8）选中"化妆品2"图层的第40帧，按F6键，插入关键帧。选中"化妆品2"图层的第30帧，在舞台窗口中将"化妆品2"实例垂直向下拖曳到适当的位置，如图5-126所示。在舞台窗口中选中"化妆品2"实例，在图形"属性"面板中选择"色彩效果"选项组，在"样式"选项的下拉列表中选择"Alpha"，将其值设为0，如图5-127所示。

图5-125   图5-126   图5-127

（9）用鼠标右击"化妆品2"图层的第30帧，在弹出的快捷菜单中选择"创建传统补间"命令，生成传统补间动画。

（10）在"时间轴"面板中创建新图层并将其命名为"形状2"。选中"形状2"图层的第30帧，按F6键，插入关键帧。选中"形状2"图层的第40帧，选择"基本矩形"工具 ，在舞台窗口中的适当位置绘制一个矩形，效果如图5-128所示。

（11）在"形状2"图层上右击鼠标，在弹出的快捷菜单中选择"遮罩层"命令，将"形状2"图层设置为遮罩层，"化妆品2"图层为被遮罩层，如图5-129所示。

图5-128   图5-129

（12）在"时间轴"面板中创建新图层并将其命名为"标牌"。选中"标牌"图层的第30帧，按F6键，插入关键帧。将"库"面板中的图形元件"标牌"拖曳到舞台窗口中，并放置在适当的位置，如图5-130所示。

（13）选中"标牌"图层的第40帧，按F6键，插入关键帧。选中"标牌"图层的第30帧，在舞台窗口中选中"标牌"实例，在图形"属性"面板中选择"色彩效果"选项组，在"样式"选项的下拉列表中选择"Alpha"，将其值设为0，如图5-131所示。设置后的效果如图5-132所示。

图 5-130

图 5-131

图 5-132

（14）用鼠标右击"标牌"图层的第30帧，在弹出的快捷菜单中选择"创建传统补间"命令，生成传统补间动画。

（15）在"时间轴"面板中创建新图层并将其命名为"形状3"。选中"形状3"图层的第30帧，按F6键，插入关键帧。选中"形状3"图层的第40帧，选择"基本椭圆"工具 ，在工具箱中将"填充颜色"设为白色，"笔触颜色"设为无，按住Shift键的同时，在舞台窗口中绘制一个圆形，效果如图5-133所示。

（16）选中"形状3"图层的第40帧，按F6键，插入关键帧。选中"形状3"图层的第30帧，按Ctrl+T组合键，弹出"变形"面板，将"缩放宽度"选项和"缩放高度"选项均设为1.0%，如图5-134所示。设置后的效果如图5-135所示。

图 5-133

图 5-134

图 5-135

（17）用鼠标右击"形状3"图层的第30帧，在弹出的快捷菜单中选择"创建补间形状"命令，生成形状补间动画，如图5-136所示。在"形状3"图层上右击鼠标，在弹出的快捷菜单中选择"遮罩层"命令，将"形状3"图层设置为遮罩层，"标牌"图层为被遮罩层，如图5-137所示。

（18）在"时间轴"面板中创建新图层并将其命名为"文字"，如图5-138所示。选中"文字"图层的第45帧，按F6键，插入关键帧。选择"文本"工具 T ，在文本工具"属性"面板中进行设置，在舞台窗口中的适当位置输入学号为40、字体为"方正兰亭中粗黑简体"的白色文字，效果如图5-139所示。化妆品类微信公众号文章配图制作完成，按Ctrl+Enter组合键即可查看效果。

图 5-136   图 5-137

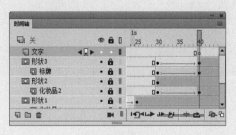

图 5-138

图 5-139

5.4.2 课堂案例——制作服装饰品类公众号封面首图动画

【案例学习目标】学习使用"添加传统运动引导层"命令添加引导层。

【案例知识要点】使用"添加传统运动引导层"命令，添加引导层；使用"铅笔"工具，绘制曲线；使用"创建传统补间"命令，制作花瓣飘落的动画效果，如图 5-140 所示。

【效果所在位置】Ch05/ 效果 / 制作服装饰品类公众号封面首图动画 .fla。

图 5-140

1. 导入素材并制作图形元件

（1）选择"文件 > 新建"命令，在弹出的"新建文档"对话框中，选择"常规"选项卡中的"ActionScript 3.0"选项，将"宽"选项设为 900，"高"选项设为 383，单击"确定"按钮，完成文档的创建。

（2）选择"文件 > 导入 > 导入到库"命令，在弹出的"导入到库"对话框中，选择云盘中的"Ch05/ 素材 / 制作服装饰品类公众号封面首图动画 /01 ~ 06"文件，单击"打开"按钮，将文件导入"库"面板中，如图 5-141 所示。

（3）按 Ctrl+F8 组合键，弹出"创建新元件"对话框，在"名称"选项的文本框中输入"花瓣1"，在"类型"选项的下拉列表中选择"图形"选项，单击"确定"按钮，新建图形元件"花瓣1"，如图 5-142 所示。舞台窗口也随之转换为图形元件的舞台窗口。将"库"面板中的位图"02"拖曳到舞台窗口中，并放置在适当的位置，如图 5-143 所示。

（4）用相同的方法将"库"面板中的位图"03""04""05""06"，分别制作成图形元件"花瓣2""花瓣3""花瓣4""花瓣5"，如图 5-144 所示。

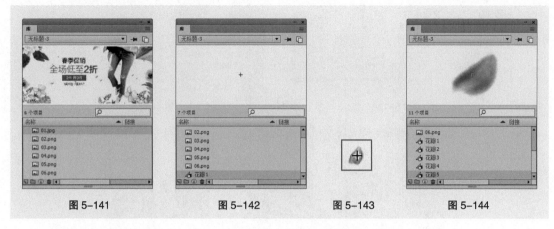

图 5-141　　　　　　　图 5-142　　　　　　　图 5-143　　　　　　　图 5-144

2. 制作影片剪辑元件

（1）按 Ctrl+F8 组合键，弹出"创建新元件"对话框，在"名称"选项的文本框中输入"花瓣动 1"，在"类型"选项的下拉列表中选择"影片剪辑"选项，如图 5-145 所示，单击"确定"按钮，新建影片剪辑元件"花瓣动 1"。舞台窗口也随之转换为影片剪辑元件的舞台窗口。

（2）在"图层_1"上右击鼠标，在弹出的快捷菜单中选择"添加传统运动引导层"命令，为"图层_1"添加运动引导层，如图 5-146 所示。

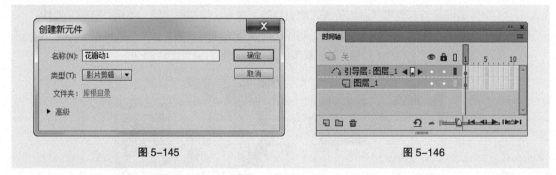

图 5-145　　　　　　　　　　　　图 5-146

（3）选择"铅笔"工具 🖉，在工具箱中将"笔触颜色"设为红色（#FF0000），选中工具箱下方的"选项"选项组中的"平滑"按钮 🔄，在引导层上绘制一条曲线，如图 5-147 所示。选中引导层的第 40 帧，按 F5 键，插入普通帧，如图 5-148 所示。

图 5-147　　　　　　　　　　　　图 5-148

（4）选中"图层_1"的第 1 帧，将"库"面板中的图形元件"花瓣 1"拖曳到舞台窗口中并将其放置在曲线上方的端点上，效果如图 5-149 所示。

（5）选中"图层_1"的第 40 帧，按 F6 键，插入关键帧，如图 5-150 所示。选择"选择"工具 ，在舞台窗口中将"花瓣 1"实例拖曳到曲线下方的端点上，效果如图 5-151 所示。

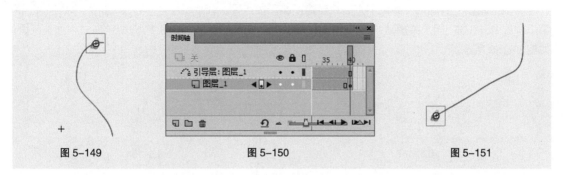

图 5-149　　　　　　　　　　　图 5-150　　　　　　　　　　　图 5-151

（6）用鼠标右击"图层_1"中的第 1 帧，在弹出的快捷菜单中选择"创建传统补间"命令，在第 1 帧和第 40 帧之间生成动作补间动画，如图 5-152 所示。

（7）用上述方法为图形元件"花瓣 2""花瓣 3""花瓣 4""花瓣 5"分别制作影片剪辑元件"花瓣动 2""花瓣动 3""花瓣动 4""花瓣动 5"，如图 5-153 所示。

（8）按 Ctrl+F8 组合键，弹出"创建新元件"对话框，在"名称"选项的文本框中输入"一起动"，在"类型"选项的下拉列表中选择"影片剪辑"选项，单击"确定"按钮，新建影片剪辑元件"一起动"，如图 5-154 所示。舞台窗口也随之转换为影片剪辑元件的舞台窗口。

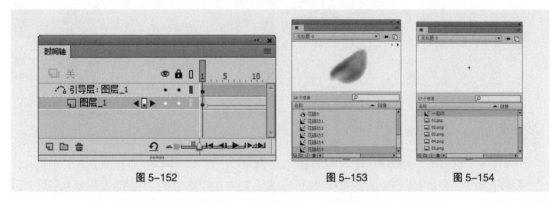

图 5-152　　　　　　　　　　　图 5-153　　　　　　　　　　　图 5-154

（9）将"库"面板中的影片剪辑元件"花瓣动 1"拖曳到舞台窗口中，如图 5-155 所示。选中"图层_1"的第 50 帧，按 F5 键，插入普通帧。

（10）单击"时间轴"面板下方的"新建图层"按钮 ，新建"图层_2"。选中"图层_2"的第 5 帧，按 F6 键，插入关键帧。将"库"面板中的影片剪辑元件"花瓣动 2"向舞台窗口中拖曳两次，如图 5-156 所示。

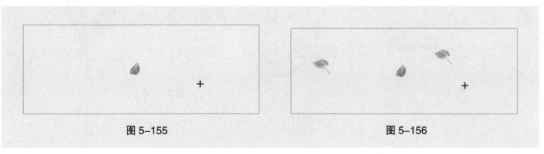

图 5-155　　　　　　　　　　　　　　　　图 5-156

（11）单击"时间轴"面板下方的"新建图层"按钮，新建"图层_3"。选中"图层_3"的第10帧，按F6键，插入关键帧。将"库"面板中的影片剪辑元件"花瓣动3"拖曳到舞台窗口中，如图5-157所示。

（12）单击"时间轴"面板下方的"新建图层"按钮，新建"图层_4"。选中"图层_4"的第15帧，按F6键，插入关键帧。将"库"面板中的影片剪辑元件"花瓣动4"向舞台窗口中拖曳两次，如图5-158所示。

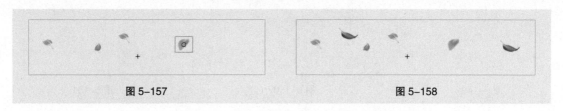

图5-157   图5-158

（13）单击"时间轴"面板下方的"新建图层"按钮，新建"图层_5"。选中"图层_5"的第20帧，按F6键，插入关键帧。将"库"面板中的影片剪辑元件"花瓣动5"拖曳到舞台窗口中，如图5-159所示。

（14）单击舞台窗口左上方的"场景1"图标 场景1，进入"场景1"的舞台窗口。将"图层_1"重命名为"底图"。将"库"面板中的位图"01"拖曳到舞台窗口中，如图5-160所示。

图5-159   图5-160

（15）在"时间轴"面板中创建新图层并将其命名为"花瓣"。将"库"面板中的影片剪辑元件"一起动"拖曳到舞台窗口中，并放置在适当的位置，如图5-161所示。服装饰品类公众号封面首图动画制作完成，按Ctrl+Enter组合键即可查看效果，如图5-162所示。

图5-161   图5-162

5.5 交互式动画的制作

交互式动画主要是通过软件中的交互功能进行制作的。本节将通过讲解制作食品餐饮行业产品营销 H5 以及制作家居装修行业产品推广 H5 两个案例，让读者快速掌握运用软件来制作交互式动画的方法。

5.5.1 课堂案例——制作食品餐饮行业产品营销 H5

【案例学习目标】学习使用凡科微传单制作 H5 并发布的方法。

【案例知识要点】用浏览器登录凡科官网，使用凡科微传单制作食品餐饮行业产品营销 H5，使用凡科微传单"趣味"选项中的"画中画"功能制作 H5 页面动画，效果如图 5-163 所示。

【效果所在位置】Ch05/ 效果 / 制作食品餐饮行业产品营销 H5。

扫码观看
本案例视频

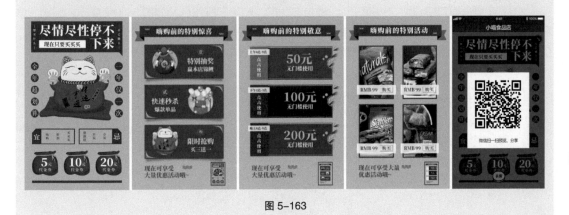

图 5-163

（1）使用浏览器打开凡科官网，单击"免费注册"按钮，注册并登录，如图 5-164 所示。进入"创建作品"页面，选择"从空白创建"，如图 5-165 所示。

图 5-164　　　　　　　　　　　　　　　图 5-165

（2）单击页面上方的"趣味"选项，在弹出的菜单中选择"画中画"功能，如图 5-166 所示。在弹出的窗口中单击"添加"按钮，页面创建完成。

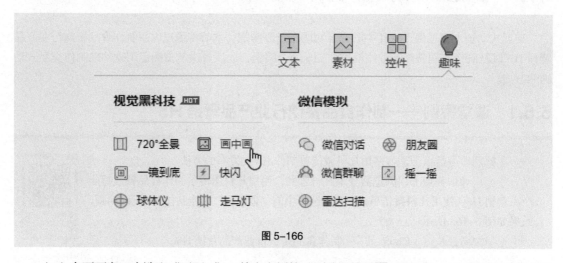

图 5-166

（3）在页面窗口中选取"页面 1"，单击右侧的"删除"按钮📄，如图 5-167 所示。弹出"信息提示"对话框，单击"确定"按钮，删除空白页面，效果如图 5-168 所示。单击"长按"按钮，在右侧的"按钮样式"面板中展开"高级样式"并调整大小，如图 5-169 所示。

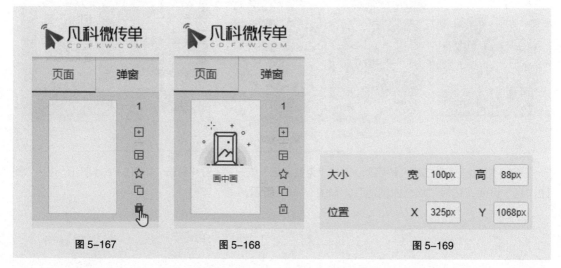

图 5-167　　　　　　　　图 5-168　　　　　　　　图 5-169

（4）单击页面上方的"素材"选项，如图 5-170 所示，在弹出的对话框中单击"本地上传"按钮，选择云盘中的"Ch05/ 素材 / 制作食品餐饮行业产品营销 H5/01 ~ 04"文件，效果如图 5-171 所示。单击使用"01"文件，页面效果如图 5-172 所示。

图 5-170

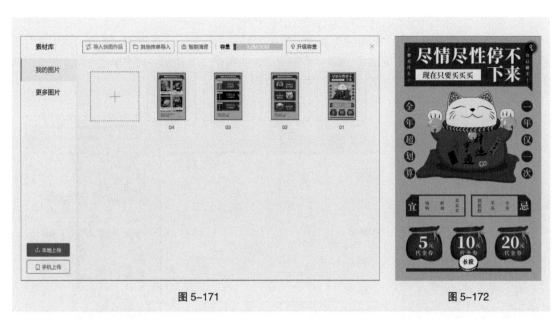

| 图 5-171 | 图 5-172 |

（5）单击图像右侧的"生成"按钮，如图 5-173 所示，生成画中画元素。单击页面右上方的"保存"按钮，如图 5-174 所示，保存页面效果。

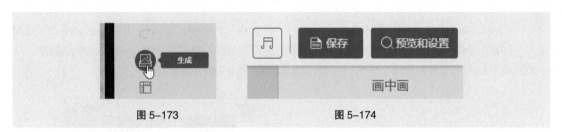

| 图 5-173 | 图 5-174 |

（6）在页面右侧"画中画"面板中单击选取"第 2 幕"，如图 5-175 所示。再次单击选取上一个页面的缩略图并将其拖曳到适当的位置，效果如图 5-176 所示。

| 图 5-175 | 图 5-176 |

（7）用相同的方法制作"第3幕"页面，效果如图5-177所示。在页面右侧的"画中画"面板中单击"第3幕"下方的"添加"选项以添加页面，如图5-178所示。再次单击选取上一个页面的缩略图并将其拖曳到适当的位置，效果如图5-179所示。

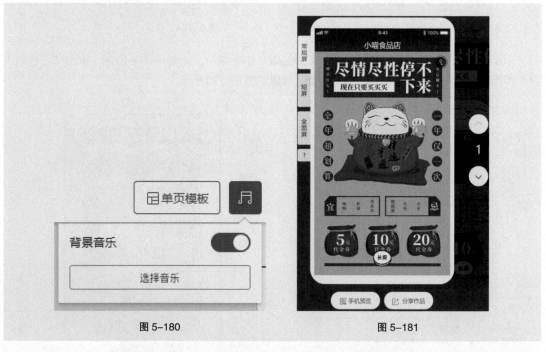

图 5-177 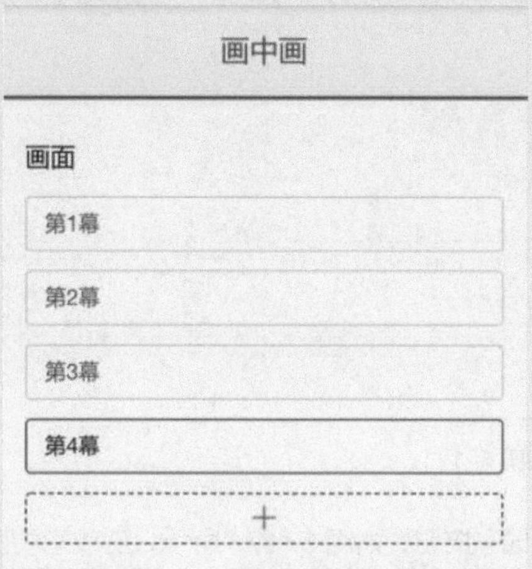　　　　　　　　　　图 5-178 　　　　　　　　　　图 5-179

（8）单击页面右上方的"音乐"按钮，打开"背景音乐"选项，如图5-180所示。单击"选择音乐"按钮，在弹出的面板中选取背景音乐。单击底图右侧的"生成"按钮，生成画中画效果。单击页面右上方的"预览和设置"按钮，保存并预览效果，如图5-181所示。

图 5-180　　　　　　　　　　　　　　　图 5-181

（9）单击"基础设置"面板中的"编辑分享样式"按钮，在弹出的面板中编辑分享样式，如图5-182所示。单击效果下方的"手机预览"或"分享作品"按钮，扫描二维码即可分享作品，如图5-183所示。食品餐饮行业产品营销H5制作发布完成。

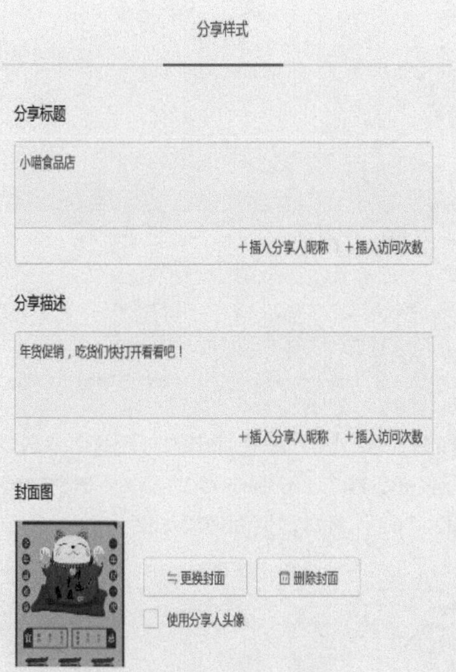

分享样式

分享标题

小喵食品店

+插入分享人昵称 +插入访问次数

分享描述

年货促销，吃货们快打开看看吧！

+插入分享人昵称 +插入访问次数

封面图

⇆ 更换封面   🗑 删除封面

☐ 使用分享人头像

图 5-182

图 5-183

5.5.2 课堂案例——制作家居装修行业产品推广 H5

【案例学习目标】学习使用凡科微传单制作 H5 并发布的方法。

【案例知识要点】用浏览器登录凡科官网，使用凡科微传单制作家居装修行业产品推广 H5。使用凡科微传单"趣味"选项中的"720° 全景"功能制作最终效果，效果如图 5-184 所示。

【效果所在位置】Ch05/ 效果 / 家居装修行业产品推广 H5 制作。

扫码观看
本案例视频

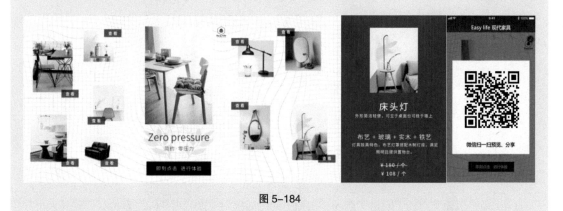

图 5-184

（1）使用浏览器登录凡科官网。单击"进入管理"按钮，在常用产品中选择"微传单"，如图 5-185 所示。进入"创建作品"页面，选择"从空白创建"，如图 5-186 所示。

图 5-185   图 5-186

（2）单击页面右侧的"背景"面板中的空白区域，如图 5-187 所示。在弹出的对话框中单击"本地上传"按钮，选择云盘中的"Ch05/ 素材 / 家居装修行业产品推广 H5 制作 /01 ～ 08"素材文件，单击"打开"按钮置入图片，如图 5-188 所示。单击选取"01"素材，页面效果如图 5-189 所示。

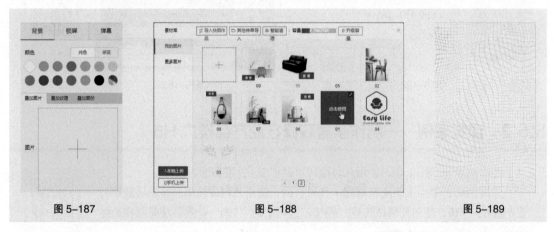

图 5-187   图 5-188   图 5-189

（3）单击效果右侧的"手机适配"按钮，如图 5-190 所示。在弹出的面板中进行设置，如图 5-191 所示。设置后的页面效果如图 5-192 所示，单击页面右上方的"保存"按钮，保存页面效果。

图 5-190   图 5-191   图 5-192

（4）单击页面上方的"素材"选项，在弹出的对话框中单击使用"02"素材，调整其大小并将其拖曳到适当的位置，在页面空白处单击鼠标，页面效果如图 5-193 所示。单击选取素材，将页面右侧的面板切换到"动画"，使用"向左淡入"动画效果，其他选项的设置如图 5-194 所示。用相同的方法添加其他素材并分别为其添加动画效果，页面效果如图 5-195 所示。

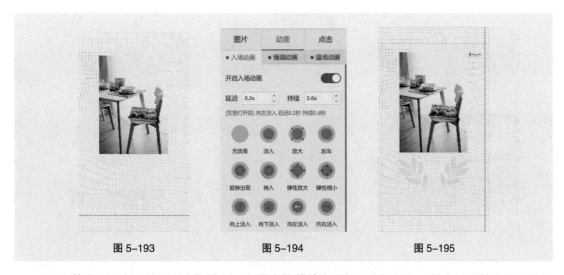

图 5-193　　　　　　　　　　图 5-194　　　　　　　　　　图 5-195

（5）单击页面上方的"文本"选项，在弹出的菜单中选择"副标题"，输入需要的文字，选择合适的字体并设置字号，如图 5-196 所示。设置文字填充色为深灰色，将文字拖曳到适当的位置，并为其添加动画效果，在页面空白处单击鼠标，文字效果如图 5-197 所示。用相同的方法输入其他文字，并分别为其添加动画效果，页面效果如图 5-198 所示。

图 5-196　　　　　　　　　　图 5-197　　　　　　　　　　图 5-198

（6）单击页面上方的"控件"选项，在弹出的菜单中选择"功能 > 按钮"命令，如图 5-199 所示。添加按钮后的效果如图 5-200 所示。单击选取按钮，在页面右侧的面板中选择合适的"按钮样式"，在文本框中输入"即刻点击 进行体验"，如图 5-201 所示。设置"主题颜色"为深灰色，如图 5-202 所示。展开"高级样式"选项，输入数值以调整按钮大小，如图 5-203 所示。设置后的效果如图 5-204 所示。

图 5-199　　　　　　　　　　图 5-200　　　　　　　　　　图 5-201

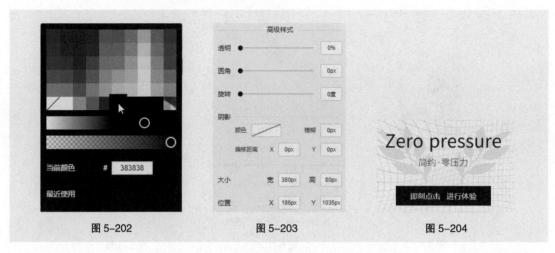

图 5-202   图 5-203   图 5-204

（7）单击页面上方的"趣味"选项，在弹出的菜单中选择"720°全景"功能，如图 5-205 所示。在弹出的窗口中单击"添加"按钮，空白页面创建完成，如图 5-206 所示。

图 5-205   图 5-206

（8）单击页面上方的"展开编辑全景"按钮，展开编辑全景，如图 5-207 所示。单击页面上方的"素材"选项，在弹出的对话框中单击选取"05"素材，调整其大小并将其拖曳到适当的位置，在页面空白处单击鼠标，页面效果如图 5-208 所示。用相同的方法添加其他素材，调整其大小并将其拖曳到适当的位置，效果如图 5-209 所示。单击页面右上方的"收起预览效果"按钮，收起预览效果，页面如图 5-210 所示。

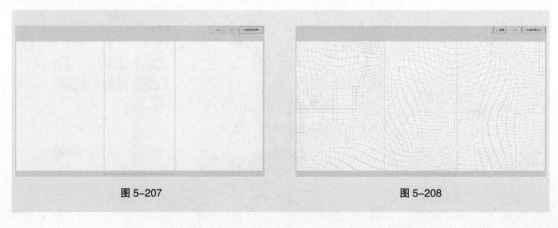

图 5-207   图 5-208

图 5-209 图 5-210

（9）单击页面左侧的"弹窗"选项以展开编辑弹窗页面，如图 5-211 所示。单击页面上方的"素材"选项，在弹出的对话框中单击选取"08"素材，将其拖曳到适当的位置，在页面空白处单击鼠标，页面效果如图 5-212 所示。

（10）单击页面上方的"控件"选项，在弹出的菜单中选择"功能 > 按钮"命令，如图 5-213 所示。单击选取"按钮"，在页面右侧的面板中选取合适的按钮样式，在文本框中输入"返 回"，设置文字颜色为深灰色，设置"主题颜色"为白色，如图 5-214 所示。展开"高级样式"选项，输入数值以调整按钮大小，其他设置如图 5-215 所示。将按钮拖曳到适当的位置，效果如图 5-216 所示。

图 5-211 图 5-212 图 5-213 图 5-214

图 5-215 图 5-216

（11）单击页面左侧的"弹窗1"下方的空白页面以添加弹窗，如图5-217所示。单击页面上方的"素材"选项，在弹出的对话框中单击选取"10"素材，将其拖曳到适当的位置，在页面空白处单击鼠标，页面效果如图5-218所示。在"弹窗1"页面上选取"返回"按钮，右击鼠标，在弹出的菜单中选择"复制"命令。在"弹窗2"图层上右击鼠标，在弹出的菜单中选择"粘贴"命令，效果如图5-219所示。用相同的方法添加其他弹窗。

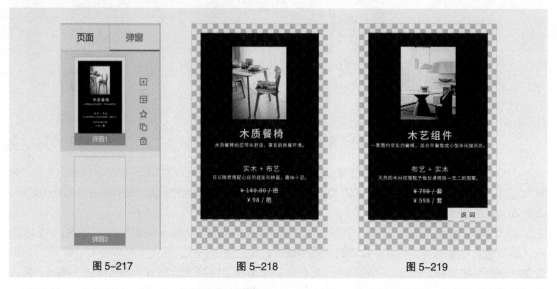

图5-217   图5-218   图5-219

（12）单击页面左侧的"页面"选项展开编辑页面，选取"720°全景"页面，单击页面上方的"展开编辑全景"按钮，展开编辑全景，如图5-220所示。

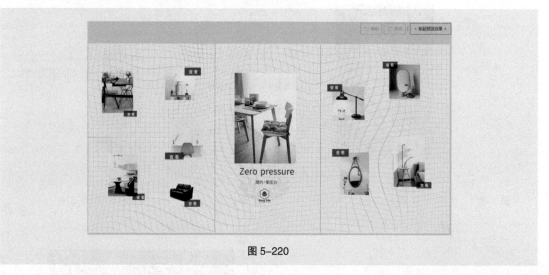

图5-220

（13）单击选取需要的素材，在弹出的菜单栏中选择"点击事件 > 打开弹窗 > 固定弹窗 > 弹窗1"命令，如图5-221所示。

（14）用上述方法为其他素材添加事件。单击页面右上方的"收起预览效果"按钮，收起预览效果。单击页面左侧的"弹窗"选项展开编辑弹窗页面，单击选取"返回"按钮，在弹出的菜单栏中选择"点击事件 > 关闭当前弹窗"命令，如图5-222所示。用相同的方法为其他弹窗页面的按钮添加事件。

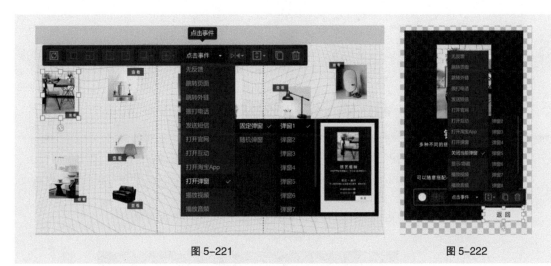

图 5-221   图 5-222

（15）单击页面右上方的"音乐"按钮，打开"背景音乐"选项，单击"选择音乐"按钮，在
弹出的面板中选取背景音乐，
如图 5-223 所示。单击页面
右上方的"预览和设置"按钮，
保存并预览效果，如图 5-224
所示。

（16）单击"基础设置"
面板中的"编辑分享样式"按
钮，在弹出的面板中编辑分享
样式，如图 5-225 所示。单
击效果下方的"手机预览"或
"分享作品"按钮，扫描二维
码即可分享作品，如图 5-226
所示。家居装修行业产品推广
H5 制作及发布完成。

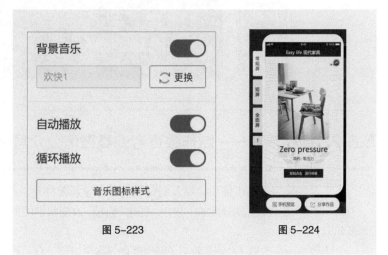

图 5-223   图 5-224

图 5-225   图 5-226

5.6 习题

5.6.1 课堂练习——制作食品餐饮类公众号封面首图动画

【练习知识要点】使用"导入到库"命令，导入素材并制作图形元件；使用"变形"面板，改变实例图形的大小；使用"创建传统补间"命令，创建传统补间动画；使用"属性"面板，改变实例图形的不透明度，效果如图 5-227 所示。

【效果所在位置】Ch05/ 效果 / 制作食品餐饮类公众号封面首图动画 .fla。

图 5-227

5.6.2 课后习题——制作教育咨询类微信公众号横版海报

【习题知识要点】使用"导入到库"命令，导入素材并制作图形元件；使用"创建传统补间"命令，创建传统补间动画；使用"属性"面板，改变实例图形的不透明度，效果如图 5-228 所示。

【效果所在位置】Ch05/ 效果 / 制作教育咨询类微信公众号横版海报 .fla。

图 5-228

第6章

综合案例设计与制作

06

▶ 本章介绍

　　本章将结合多个新媒体应用领域商业案例的实际应用，更加深入地介绍新媒体领域中图像、视频、动画和 H5 的设计和制作技巧。通过本章的学习，读者可以快速地掌握商业案例设计的理念和软件操作的技术要点，设计并制作出专业的作品。

学习目标

● 掌握新媒体领域的图像设计与制作的方法。
● 掌握新媒体领域的视频设计与制作的方法。
● 掌握新媒体领域的动画设计与制作的方法。
● 掌握新媒体领域的 H5 设计与制作的方法。

综合案例
设计与制作

技能目标

● 掌握"服装饰品类电商 Banner"的制作方法。
● 掌握"食品餐饮类微信公众号运营海报"的制作方法。
● 掌握"百变强音节目片头"的制作方法。
● 掌握"音乐歌曲 MV"的制作方法。
● 掌握"电商类微信公众号横版海报"的制作方法。
● 掌握"服装类微信公众号首图"的制作方法。
● 掌握"电子商务行业活动促销 H5"的制作方法。
● 掌握"金融理财行业节日祝福 H5"的制作方法。

6.1 图像设计与制作

6.1.1 课堂案例——制作服装饰品类电商 Banner

【案例学习目标】学习使用"创建新的填充或调整图层"按钮和文字工具制作服装饰品类电商 Banner。

【案例知识要点】使用"移动"工具移动素材图像，使用"色阶"命令、"色相/饱和度"命令和"亮度/对比度"命令调整图像颜色，使用"横排文字"工具添加广告文字，效果如图 6-1 所示。

【效果所在位置】Ch06/效果/制作服装饰品类电商 Banner.psd。

图 6-1

（1）按 Ctrl+N 组合键，新建一个文件，宽度为 750 像素，高度为 200 像素，分辨率为 72 像素/英寸（1 英寸 =2.54 厘米），颜色模式为 RGB，背景内容为白色，单击"创建"按钮，新建文档。

（2）按 Ctrl+O 组合键，打开云盘中的"Ch06/素材/制作服装饰品类电商 Banner/01、02"文件，选择"移动"工具 ⊕，分别将图像拖曳到新建图像窗口中的适当位置，效果如图 6-2 所示，在"图层"控制面板中生成新的图层并将其分别命名为"底图"和"包 1"。

图 6-2

（3）单击"图层"控制面板下方的"创建新的填充或调整图层"按钮 ◑，在弹出的菜单中选择"色阶"命令。在"图层"控制面板中生成"色阶 1"图层，同时弹出"色阶"面板，单击 ⬚ 按钮，其他选项的设置如图 6-3 所示。按 Enter 键确定操作，图像效果如图 6-4 所示。

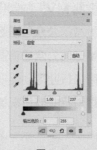

图 6-3

图 6-4

（4）按 Ctrl+O 组合键，打开云盘中的"Ch06/ 素材 / 制作服装饰品类电商 Banner/03"文件，选择"移动"工具 ⊕，将图像拖曳到新建图像窗口中的适当位置，并调整其大小，效果如图 6-5 所示，在"图层"控制面板中生成新的图层并将其命名为"模特"。

（5）单击"图层"控制面板下方的"创建新的填充或调整图层"按钮 ，在弹出的菜单中选择"色相 / 饱和度"命令。在"图层"控制面板中生成"色相 / 饱和度 1"图层，同时弹出"色相 / 饱和度"面板，单击 按钮，其他选项的设置如图 6-6 所示。按 Enter 键确定操作，图像效果如图 6-7 所示。

图 6-5　　　　　　　　图 6-6　　　　　　　　图 6-7

（6）按 Ctrl+O 组合键，打开云盘中的"Ch06/ 素材 / 制作服装饰品类电商 Banner/04"文件，选择"移动"工具 ⊕，将图像拖曳到新建图像窗口中的适当位置，效果如图 6-8 所示，在"图层"控制面板中生成新的图层并将其命名为"包 2"。

（7）单击"图层"控制面板下方的"创建新的填充或调整图层"按钮 ，在弹出的菜单中选择"亮度 / 对比度"命令。在"图层"控制面板中生成"亮度 / 对比度 1"图层，同时弹出"亮度 / 对比度"面板，单击 按钮，其他选项的设置如图 6-9 所示。按 Enter 键确定操作，图像效果如图 6-10 所示。

图 6-8　　　　　　　　图 6-9　　　　　　　　图 6-10

（8）选择"横排文字"工具 T，在适当的位置分别输入需要的文字并选取文字，在属性栏中分别选择合适的字体并设置适当的字号，将"文本颜色"选项设为白色，效果如图 6-11 所示，在"图层"控制面板中分别生成新的文字图层。

图 6-11

（9）选择"圆角矩形"工具 ▢ ，在属性栏的"选择工具模式"选项中选择"形状"，将"填充"颜色设为黄色（255、213、42），"描边"颜色设为无，"半径"选项设为 11 像素，在图像窗口中绘制一个圆角矩形，效果如图 6-12 所示，在"图层"控制面板中生成新的形状图层"圆角矩形 1"。

（10）选择"横排文字"工具 T. ，在适当的位置输入需要的文字并选取文字，在属性栏中分别选择合适的字体并设置适当的字号，将"文本颜色"选项设为橙黄色（234、57、34），效果如图 6-13 所示，在"图层"控制面板中生成新的文字图层。服装饰品类电商 Banner 制作完成。

图 6-12

图 6-13

6.1.2　课堂案例——制作食品餐饮类微信公众号运营海报

【案例学习目标】学习使用文字工具和"字符"控制面板制作食品餐饮类微信公众号运营海报。

【案例知识要点】使用"移动"工具移动素材图像，使用"椭圆"工具、"横排文字"工具和"字符"控制面板制作路径文字，使用"横排文字"工具和"矩形"工具添加其他相关信息，效果如图 6-14 所示。

【效果所在位置】Ch06/ 效果 / 制作食品餐饮类微信公众号运营海报 .psd。

扫码观看
本案例视频

图 6-14

（1）按 Ctrl+O 组合键，打开云盘中的"Ch06/ 素材 / 制作食品餐饮类微信公众号运营海报 /01、02"文件。选择"移动"工具 ⊕，将"02"图像拖曳到"01"图像窗口中的适当位置，效果如图 6-15 所示，在"图层"控制面板中生成新的图层并将其命名为"面"。

（2）单击"图层"控制面板下方的"添加图层样式"按钮 fx，在弹出的菜单中选择"投影"命令，弹出对话框，将投影颜色设为黑色，其他选项的设置如图 6-16 所示。单击"确定"按钮，效果如图 6-17 所示。

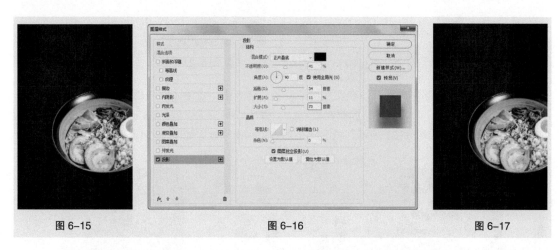

图 6-15   图 6-16   图 6-17

（3）选择"椭圆"工具 ◯，在属性栏的"选择工具模式"选项中选择"路径"，在图像窗口中绘制一个椭圆形路径，效果如图 6-18 所示。

（4）选择"横排文字"工具 T，在属性栏中选择合适的字体并设置文字大小，将"文本颜色"设为白色，将鼠标指针放置在椭圆形路径上时会变为 ⌇ 状，单击鼠标会出现一个带有选中文字的文字区域，此处成为输入文字的起始点，输入需要的白色文字，效果如图 6-19 所示，在"图层"控制面板中生成新的文字图层。

图 6-18   图 6-19

（5）将输入的文字同时选中，按 Ctrl+T 组合键，弹出"字符"控制面板，将"设置所选字符的字距调整" ⅤⒶ 选项设置为 –450，其他选项的设置如图 6-20 所示。按 Enter 键确定操作，效果如图 6-21 所示。

图 6-20　　　　　　　　图 6-21

（6）选取文字"筋半肉面"，在属性栏中设置文字大小，效果如图 6-22 所示。在文字"肉"的右侧单击插入光标，在"字符"控制面板将"设置所选字符的字距调整" 选项设置为60，其他选项的设置如图 6-23 所示。按 Enter 键确定操作，效果如图 6-24 所示。

图 6-22　　　　　　　　图 6-23　　　　　　　　图 6-24

（7）用相同的方法制作其他路径文字，效果如图 6-25 所示。按 Ctrl+O 组合键，打开云盘中的"Ch06/ 素材 / 制作食品餐饮类微信公众号运营海报 /03"文件，选择"移动"工具 ⊕，将图像拖曳到图像窗口中的适当位置，效果如图 6-26 所示，在"图层"控制面板中生成新的图层并将其命名为"筷子"。

（8）选择"横排文字"工具 T.，在适当的位置输入需要的文字并选中文字。在"字符"控制面板中，将"颜色"选项设为浅棕色（209、192、165），其他选项的设置如图 6-27 所示。按 Enter 键确定操作，效果如图 6-28 所示，在"图层"控制面板中生成新的文字图层。

图 6-25　　　　　　　　图 6-26　　　　　　　　图 6-27　　　　　　　　图 6-28

（9）选择"横排文字"工具 T.，在适当的位置分别输入需要的文字并选中文字。在"字符"控制面板中，将"颜色"设为白色，其他选项的设置如图 6-29 所示。按 Enter 键确定操作，效果如图 6-30 所示，在"图层"控制面板中分别生成新的文字图层。

（10）选取"订餐…**"图层，在"字符"控制面板中，将"设置所选字符的字距调整"<u>VA 0</u>选项设置为 75，按 Enter 键确定操作，效果如图 6-31 所示。

<table>
<tr><td>图 6-29</td><td>图 6-30</td><td>图 6-31</td></tr>
</table>

（11）选取数字"400-78**89**"，在属性栏中选择合适的字体并设置字号，效果如图 6-32 所示。选取符号"**"，在"字符"控制面板中，将"设置基线偏移"<u>A╪ 0点</u>选项设置为 -15 点，其他选项的设置如图 6-33 所示。按 Enter 键确定操作，效果如图 6-34 所示。

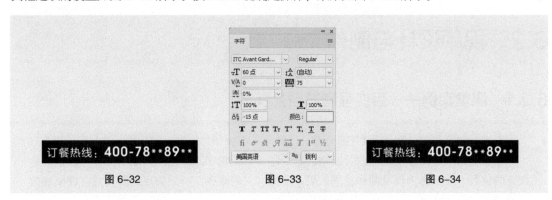

<table>
<tr><td>图 6-32</td><td>图 6-33</td><td>图 6-34</td></tr>
</table>

（12）用相同的方法调整另一组符号的基线偏移，效果如图 6-35 所示。选择"横排文字"工具 T.，在适当的位置输入需要的文字并选中文字。在"字符"控制面板中，将"颜色"选项设为浅棕色（209、192、165），其他选项的设置如图 6-36 所示。按 Enter 键确定操作，效果如图 6-37 所示，在"图层"控制面板中生成新的文字图层。

<table>
<tr><td>图 6-35</td><td>图 6-36</td><td>图 6-37</td></tr>
</table>

（13）选择"矩形"工具▢，在属性栏的"选择工具模式"选项中选择"形状"，将"填充"颜色设为浅棕色（209、192、165），"描边"颜色设为无，在图像窗口中绘制一个矩形，效果如图6-38所示，在"图层"控制面板中生成新的形状图层"矩形1"。

（14）选择"横排文字"工具 T，在适当的位置输入需要的文字并选中文字。在"字符"控制面板中，将"颜色"选项设为黑色，其他选项的设置如图6-39所示。按 Enter 键确定操作，效果如图6-40所示，在"图层"控制面板中生成新的文字图层。食品餐饮类微信公众号运营海报制作完成。

图 6-38　　　　　　　　　　图 6-39　　　　　　　　　　图 6-40

6.2 视频设计与制作

6.2.1 课堂案例——百变强音节目片头

【案例学习目标】学习使用字幕命令、"效果"面板和"效果控件"面板制作节目片头。

【案例知识要点】使用"旧版标题"命令添加并编辑字幕，使用"效果控件"面板设置视频的位置、缩放比例以及制作动画效果，使用"方向模糊"特效为视频添加方向性模糊效果并制作方向模糊动画。百变强音节目片头效果如图6-41所示。

【效果所在位置】Ch06/效果/百变强音节目片头.prproj。

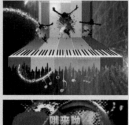

扫码观看
本案例视频

扫码查看
本案例效果

图 6-41

1. 添加项目文件和字幕

（1）启动 Premiere Pro CC 2018 软件，弹出"开始"界面，单击"新建项目"按钮 **新建项目...** ，弹出"新建项目"对话框，在"位置"选项处选择保存文件的路径，在"名称"文本框中输入文件名"百变强音节目片头"，如图 6-42 所示，单击"确定"按钮，完成项目的创建。按 Ctrl+N 组合键，弹出"新建序列"对话框，在左侧的列表中展开"DV-PAL"选项，选中"标准 48kHz"模式，如图 6-43 所示，单击"确定"按钮，完成序列的创建。

图 6-42　　　　　　　　　　　　　　　　　图 6-43

（2）选择"文件 > 导入"命令，弹出"导入"对话框，选择云盘中的"Ch06/ 素材 / 百变强音节目片头 /01 ～ 08"文件，如图 6-44 所示。单击"打开"按钮，将素材文件导入"项目"面板中，如图 6-45 所示。

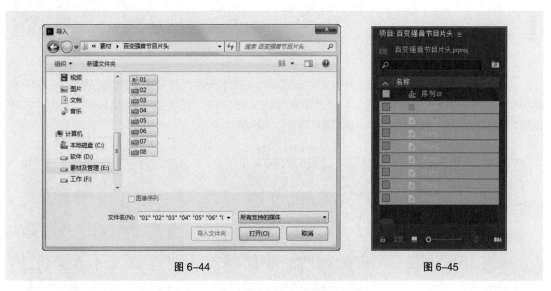

图 6-44　　　　　　　　　　　　　　　　　图 6-45

（3）选择"文件 > 新建 > 旧版标题"命令，弹出"新建字幕"对话框，如图 6-46 所示，单击"确定"按钮，弹出字幕编辑面板。选择"输入"工具 **T** ，在字幕窗口中输入需要的文字，单击"居中对齐"按钮，居中对齐文字，如图 6-47 所示。

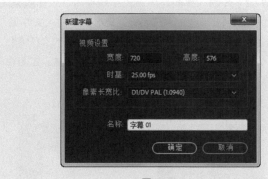

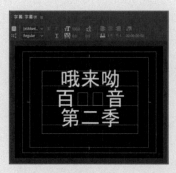

图 6-46

图 6-47

（4）在"旧版标题样式"面板中单击标题栏左侧的■按钮，在打开的菜单中选择"追加样式库"命令，弹出"打开样式库"对话框，选择云盘中的"Ch06/ 素材 / 百变强音节目片头 /09"文件，如图 6-48 所示，单击"打开"按钮，追加样式。在面板中选择需要的样式，字幕窗口中的效果如图 6-49 所示。

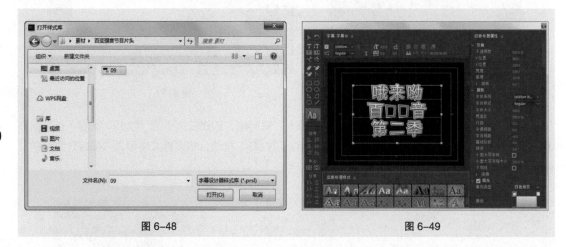

图 6-48

图 6-49

（5）在"旧版标题属性"面板中，分别设置适当的文字大小，其他选项的设置如图 6-50 所示，字幕窗口中的效果如图 6-51 所示。将文本框拖曳到适当的位置，效果如图 6-52 所示。关闭"字幕"编辑面板，新建的字幕文件将自动保存到"项目"面板中。

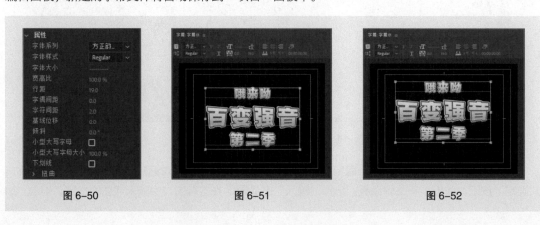

图 6-50

图 6-51

图 6-52

2. 编辑素材文件并制作动画

（1）在"项目"面板中，选中"01"文件并将其拖曳到"时间线"面板中的"视频1"轨道中，弹出"剪辑不匹配警告"对话框，如图6-53所示。单击"保持现有设置"按钮，在保持现有序列设置的情况下将"01"文件放置在"视频1"轨道中，如图6-54所示。

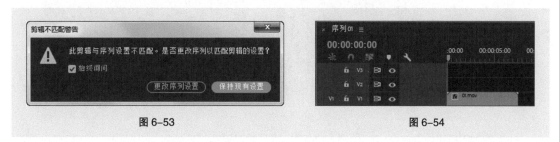

图6-53　　　　　　　　　　　　　　　　图6-54

（2）在"时间线"面板中选中"01"文件，按Ctrl+R组合键，弹出"剪辑速度/持续时间"对话框，将"速度"选项设置为90%，如图6-55所示。单击"确定"按钮，在"时间线"面板中的显示如图6-56所示。

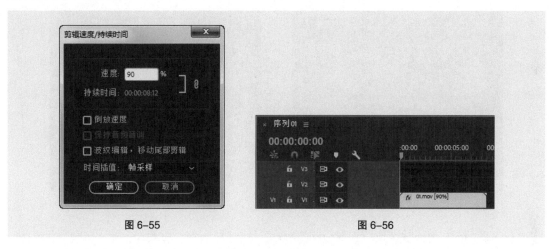

图6-55　　　　　　　　　　　　　　　　图6-56

（3）将时间标签放置在00:00:00:20的位置，如图6-57所示。在"项目"面板中选中"02"文件，将其拖曳到"时间线"面板中的"视频2"轨道中，如图6-58所示。

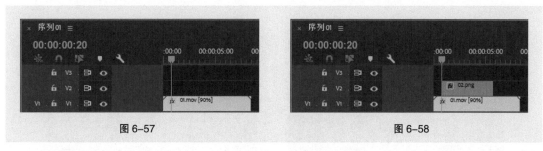

图6-57　　　　　　　　　　　　　　　　图6-58

（4）将时间标签放置在00:00:03:15的位置，将鼠标指针放在"02"文件的尾部，当鼠标指针变为 状时，向后拖曳鼠标指针到00:00:03:15的位置上，如图6-59所示。将时间标签放置在00:00:00:20的位置，选中"视频2"轨道中的"02"文件。选择"效果控件"面板，展开"运动"选项，将"位置"选项设置为1 047.0和288.0，单击"位置"选项左侧的"切换动画"按钮 ，如图6-60所示，记录第1个动画关键帧。

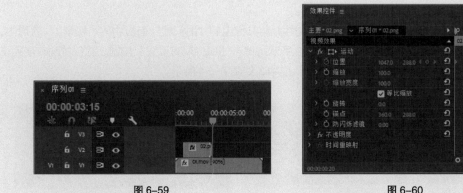

图 6-59   图 6-60

（5）将时间标签放置在00:00:01:11的位置，在"效果控件"面板中，将"位置"选项设为-334.5和288.0，如图6-61所示，记录第2个动画关键帧。将时间标签放置在00:00:02:02的位置，在"效果控件"面板中，将"位置"选项设置为392.0和288.0，如图6-62所示，记录第3个动画关键帧。

图 6-61   图 6-62

（6）将时间标签放置在00:00:03:03的位置，在"效果控件"面板中，将"位置"选项设为404.2和288.0，如图6-63所示，记录第4个动画关键帧。将时间标签放置在00:00:03:11的位置，在"效果控件"面板中，将"位置"选项设置为1 050.0和288.0，如图6-64所示，记录第5个动画关键帧。

图 6-63   图 6-64

（7）选择"窗口 > 效果"命令，打开"效果"面板，展开"视频效果"特效分类选项，单击"模糊与锐化"文件夹前面的三角形按钮▶将其展开，选中"方向模糊"特效，如图 6-65 所示。将"方向模糊"特效拖曳到"时间线"面板的"视频 2"轨道中的"02"文件上，如图 6-66 所示。

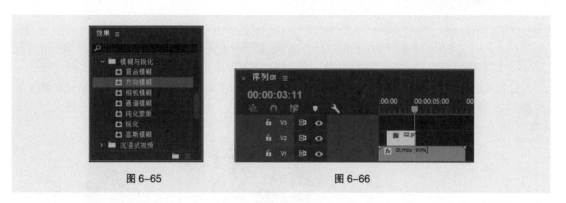

图 6-65   图 6-66

（8）将时间标签放置在 00:00:02:02 的位置，在"效果控件"面板，展开"方向模糊"特效，将"方向"选项设置为 90.0°，"模糊长度"选项设置为 20.0，单击"模糊长度"选项左侧的"切换动画"按钮🕐，如图 6-67 所示，记录第 1 个动画关键帧。将时间标签放置在 00:00:02:15 的位置，在"效果控件"面板中，将"模糊长度"选项设置为 0，如图 6-68 所示，记录第 2 个动画关键帧。

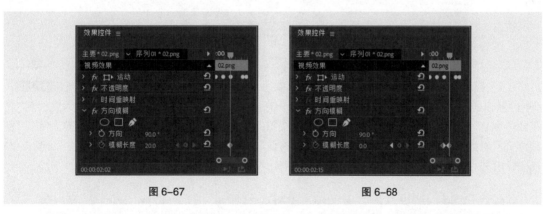

图 6-67   图 6-68

（9）选择"序列 > 添加轨道"命令，弹出"添加轨道"对话框，选项的设置如图 6-69 所示，单击"确定"按钮，在"时间线"面板中添加 3 条视频轨道。用上述方法分别将"项目"面板中的素材拖曳到"时间线"面板中，并分别为其添加特效或关键帧动画，"时间线"面板如图 6-70 所示。

图 6-69

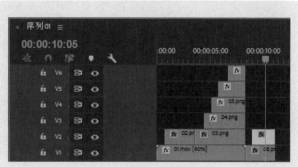

图 6-70

（10）百变强音节目片头制作完成。选择"文件 > 导出 > 媒体"命令，弹出"导出设置"对话框，将"格式"选项设为 AVI，设置输出名称和位置，单击"导出"按钮，即可导出文件。

6.2.2　课堂案例——音乐歌曲 MV

【案例学习目标】学习使用字幕命令、"效果"面板和"效果控件"面板制作音乐歌曲 MV。

【案例知识要点】使用"旧版标题"命令添加字幕和图形，使用"效果控件"面板调整图片位置并制作音频动画，使用"效果"面板制作素材之间的转场和特效。音乐歌曲 MV 效果如图 6-71 所示。

【效果所在位置】Ch06/ 效果 / 音乐歌曲 MV.prproj。

图 6-71

（1）启动 Premiere Pro CC 2018 软件，弹出"开始"界面，单击"新建项目"按钮 [新建项目]，弹出"新建项目"对话框，在"位置"选项处选择保存文件的路径，在"名称"文本框中输入文件名"音乐歌曲 MV"，如图 6-72 所示，单击"确定"按钮，完成项目的创建。按 Ctrl+N 组合键，弹出"新建序列"对话框，在左侧的列表中展开"DV-PAL"选项，选中"标准 48kHz"模式，如图 6-73所示，单击"确定"按钮，完成序列的创建。

图 6-72

图 6-73

（2）选择"文件 > 导入"命令，弹出"导入"对话框，选择云盘中的"Ch06/ 素材 / 音乐歌曲 MV/01 ~ 09"文件，单击"打开"按钮，导入文件，如图 6-74 所示。导入的文件就排列在"项目"面板中，如图 6-75 所示。

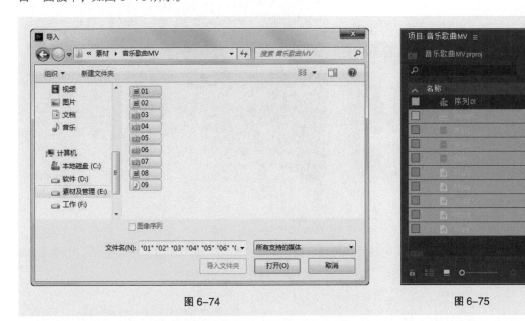

图 6-74   图 6-75

（3）选择"文件 > 新建 > 旧版标题"命令，弹出"新建字幕"对话框，设置如图 6-76 所示，单击"确定"按钮，弹出字幕编辑面板。选择"输入"工具 T，在字幕窗口中输入需要的文字，在字幕"属性"栏中设置字体、字号、字距和行距，在"旧版标题属性"面板中设置填充和阴影，字幕窗口中的效果如图 6-77 所示。用相同的方法制作"字幕 02"。

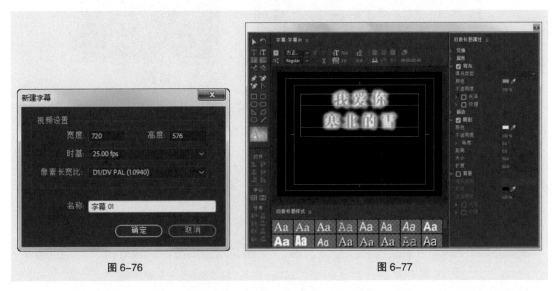

图 6-76   图 6-77

（4）选择"文件 > 新建 > 旧版标题"命令，弹出"新建字幕"对话框，设置如图 6-78 所示，单击"确定"按钮，弹出字幕编辑面板。选择"椭圆"工具 ◯，在字幕窗口中绘制圆形，在"旧版标题属性"面板中设置适当的颜色，字幕窗口中的效果如图 6-79 所示。

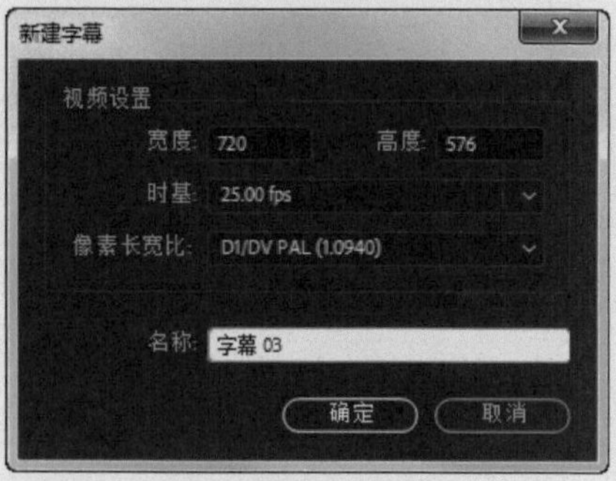

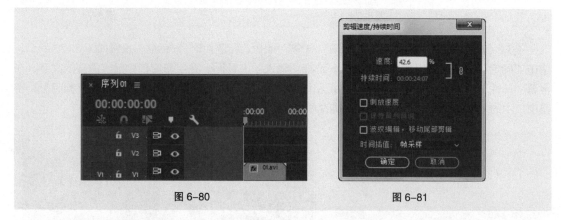

图 6-78 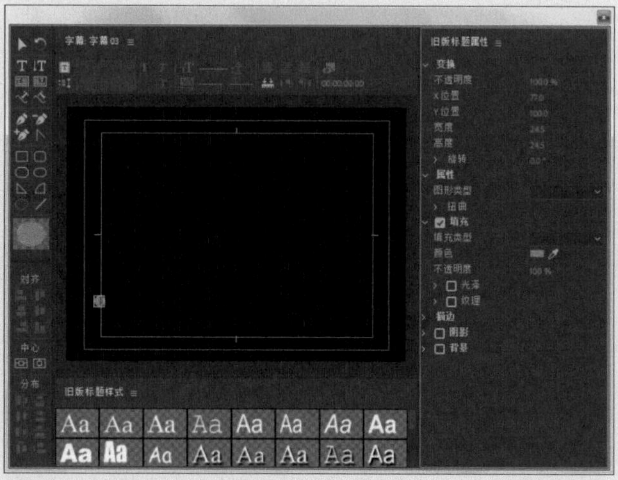　　　　　　　　　　　　　　　　　　　图 6-79

（5）在"项目"面板中选中"01"文件并将其拖曳到"时间线"面板中的"视频1"轨道上，如图6-80所示。选择"剪辑>速度/持续时间"命令，弹出"剪辑速度/持续时间"对话框，设置如图6-81所示。单击"确定"按钮，"时间线"面板如图6-82所示。

图 6-80　　　　　　　　　　　　　　　　　　　图 6-81

（6）将时间指示器放置在00:00:22:09的位置，将鼠标指针放在"01"文件的尾部，当鼠标指针变为┫状时，向前拖曳鼠标指针到00:00:22:09的位置上，如图6-83所示。

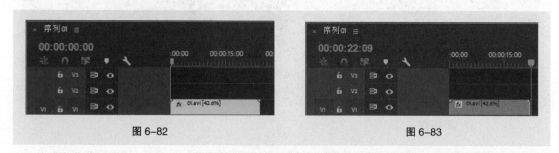

图 6-82　　　　　　　　　　　　　　　　　　　图 6-83

（7）用相同的方法在"时间线"面板中添加其他文件，并调整各自的播放时间，如图6-84所示。将时间指示器放置在00:00:00:00的位置。选中"时间线"面板中的"01"文件。选择"窗口>效果"命令，打开"效果"面板，展开"视频效果"特效分类选项，单击"过时"文件夹前面

新媒体技术与应用（全彩慕课版）

的三角形按钮▶将其展开，选中"亮度曲线"特效，如图6-85所示。

（8）将"亮度曲线"特效拖曳到"时间线"面板中的"01"文件上。在"效果控件"面板中展开"亮度曲线"特效，在"亮度变形"框中添加节点并将其拖曳到适当的位置，其他选项的设置如图6-86所示。

图 6-84

图 6-85

图 6-86

（9）将时间指示器放置在00:00:37:09的位置，选中"时间线"面板中的"04"文件。在"效果控件"面板中展开"运动"选项，将"缩放"选项设为110.0，单击"缩放"选项左侧的"切换动画"按钮🕐，记录第1个动画关键帧，如图6-87所示。将时间指示器放置在00:00:41:17的位置，将"缩放"选项设为81.0，记录第2个动画关键帧，如图6-88所示。

图 6-87　　　　　　　　　　　　图 6-88

（10）将时间指示器放置在00:00:51:18的位置，选中"时间线"面板中的"07"文件。在"效果控件"面板中展开"运动"选项，将"位置"选项设为50.0和288.0，单击选项左侧的"切换动画"

按钮，记录第1个动画关键帧，如图6-89所示。将时间指示器放置在00:01:03:20的位置，将"位置"选项设为660.0和288.0，记录第2个动画关键帧，如图6-90所示。

图 6-89

图 6-90

（11）将时间指示器放置在00:00:00:00的位置，在"效果"面板中展开"视频过渡"特效分类选项，单击"溶解"文件夹前面的三角形按钮▶将其展开，选中"交叉溶解"特效，如图6-91所示。将"交叉溶解"特效拖曳到"时间线"面板中的"02"文件的开始位置，如图6-92所示。

图 6-91

图 6-92

（12）在"时间线"面板中选择"交叉溶解"特效，选择"效果控件"面板，将"持续时间"选项设置为00:00:04:00，"对齐"选项设置为"中心切入"，如图6-93所示，"时间线"面板如图6-94所示。用相同的方法为其他文件添加适当的切换特效，效果如图6-95所示。

图 6-93

图 6-94

图 6-95

（13）选择"文件 > 新建 > 序列"命令，弹出"新建序列"对话框，设置如图 6-96 所示。单击"确定"按钮，新建序列 02，"时间线"面板如图 6-97 所示。

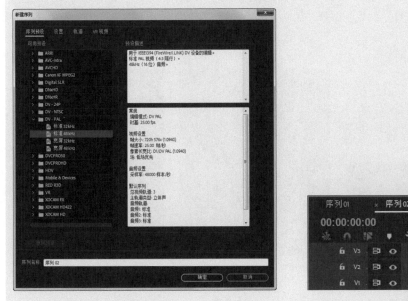

图 6-96

图 6-97

（14）在"项目"面板中选中"字幕 03"文件并将其拖曳到"时间线"面板中的"视频 1"轨道上，如图 6-98 所示。将时间指示器放置在 00:00:03:00 的位置，将鼠标指针放在"字幕 03"文件的尾部，当鼠标指针变为 状时，向前拖曳鼠标指针到 00:00:03:00 的位置上，如图 6-99 所示。

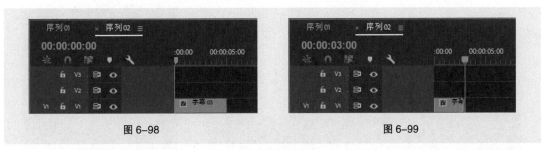

图 6-98　　　　　　　　　　　　　　　图 6-99

（15）将时间指示器放置在 00:00:01:00 的位置，在"项目"面板中选中"字幕 03"文件并将其拖曳到"时间线"面板中的"视频 2"轨道上，如图 6-100 所示。将时间指示器放置在 00:00:03:00 的位置，将鼠标指针放在"字幕 03"文件的尾部，当鼠标指针呈 状时，向前拖曳鼠标指针到 00:00:03:00 的位置上，如图 6-101 所示。

图 6-100

图 6-101

（16）用相同的方法再次在"视频3"轨道上添加"字幕03"文件，如图6-102所示。选中"时间线"面板中"视频2"轨道上的"字幕03"文件。在"效果控件"面板中展开"运动"选项，将"位置"选项设置为400.0和288.0，如图6-103所示。选中"时间线"面板中"视频3"轨道上的"字幕03"文件。在"效果控件"面板中展开"运动"选项，将"位置"选项设置为440.0和288.0，如图6-104所示。

图 6-102

图 6-103

图 6-104

（17）在"时间线"面板中选取"序列01"。在"项目"面板中选中"08"文件并将其拖曳到"时间线"面板中的"视频2"轨道上，如图6-105所示。选中"时间线"面板中的"08"文件，在"效果控件"面板中展开"运动"选项，将"位置"选项设置为271.0和500.0，"缩放比例"选项设置为70.0，如图6-106所示。

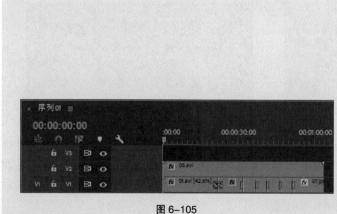

图 6-105

图 6-106

（18）将时间指示器放置在 00:00:10:00 的位置。在"效果控件"面板中展开"不透明度"选项，将"不透明度"选项设置为 0.0%，记录第 1 个动画关键帧，如图 6-107 所示。将时间指示器放置在 00:00:11:00 的位置。将"不透明度"选项设置为 100.0%，记录第 2 个动画关键帧，如图 6-108 所示。

（19）在"效果"面板中展开"视频效果"特效分类选项，单击"键控"文件夹前面的三角形按钮 ▶ 将其展开，选中"非红色键"特效，如图 6-109 所示。将"非红色键"特效拖曳到"时间线"窗口中的"08"文件上。

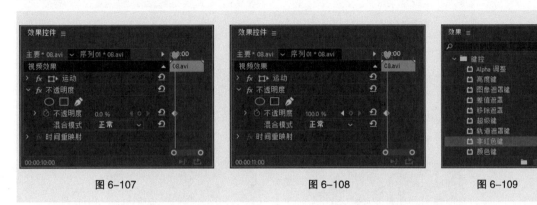

图 6-107　　　　　　　　　　图 6-108　　　　　　　　　　图 6-109

（20）将时间指示器放置在 00:00:10:00 的位置，在"项目"面板中选中"序列 02"文件并将其拖曳到"时间线"面板中的"视频 3"轨道中，如图 6-110 所示。选择"序列 > 添加轨道"命令，弹出"添加轨道"对话框，选项的设置如图 6-111 所示。单击"确定"按钮，在"时间线"面板中添加两条视频轨道。

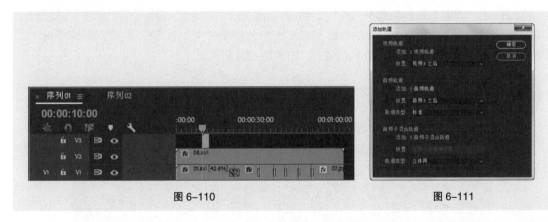

图 6-110　　　　　　　　　　　　　　　　图 6-111

（21）将时间指示器放置在 00:00:04:00 的位置，在"项目"面板中选中"字幕 02"文件并将其拖曳到"时间线"面板中的"视频 4"轨道上，如图 6-112 所示。在"项目"面板中选中"字幕 01"文件并将其拖曳到"时间线"面板中的"视频 5"轨道上。将时间指示器放置在 00:00:10:00 的位置，将鼠标指针放在"字幕 01"文件的尾部，当鼠标指针变为 ◂ 状时，向后拖曳鼠标指针到 00:00:10:00 的位置上，如图 6-113 所示。

（22）在"效果"面板中展开"视频过渡"特效分类选项，单击"擦除"文件夹前面的三角形按钮 ▶ 将其展开，选中"划出"特效，如图 6-114 所示。将"划出"特效拖曳到"时间线"面板中的"字幕 01"文件的开始位置。在"时间线"面板中选中"划出"特效，在"效果控件"面板中将"持续时间"选项设置为 00:00:04:00，如图 6-115 所示。

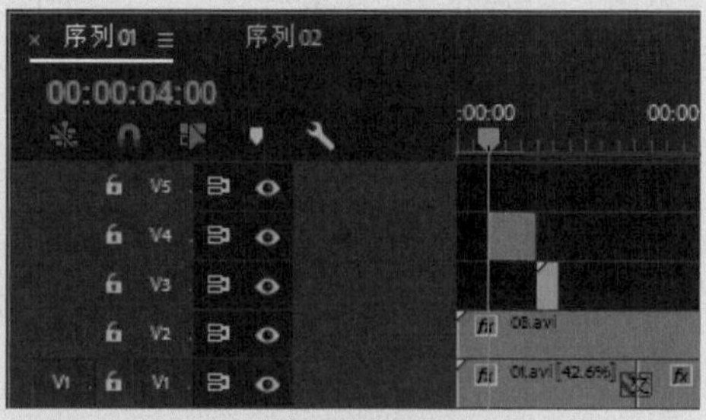

图 6-112 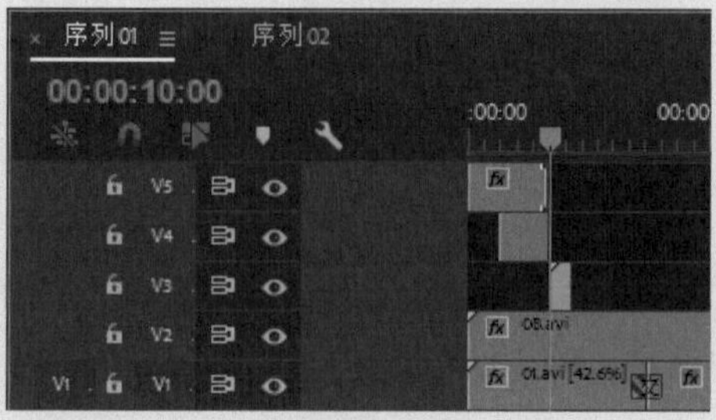   图 6-113

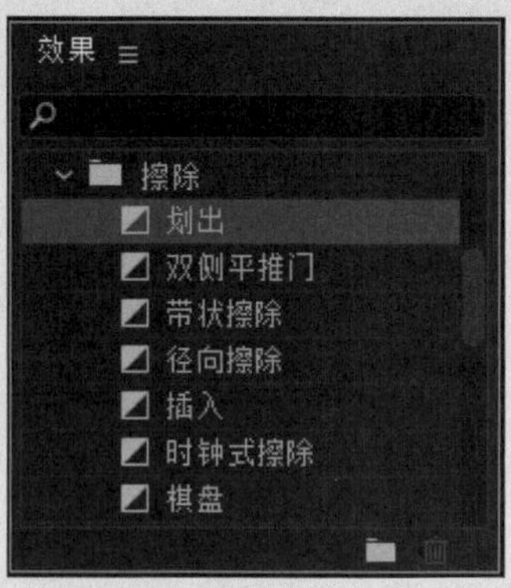

图 6-114 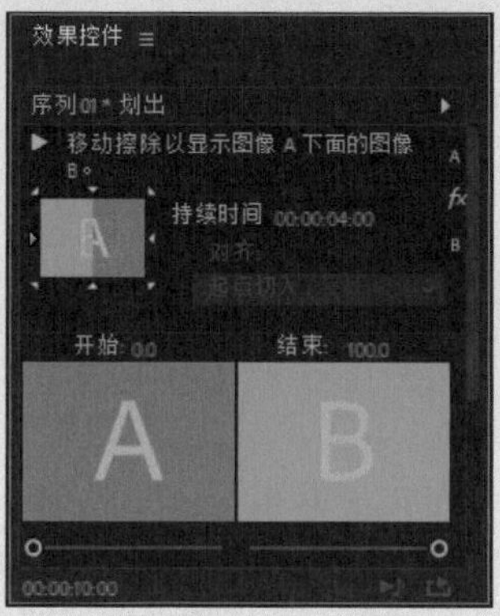   图 6-115

（23）在"项目"面板中选中"09"文件并将其拖曳到"时间线"面板中的"音频 1"轨道上。将时间指示器放置在 00:01:03:20 的位置，将鼠标指针放在"09"文件的尾部，当鼠标指针变为◀状时，向前拖曳鼠标指针到 00:01:03:20 的位置上，如图 6-116 所示。

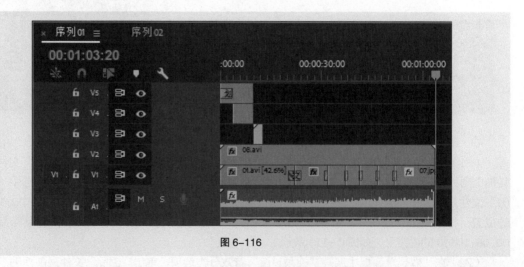

图 6-116

（24）将时间指示器放置在 00:00:00:00 的位置，在"效果控件"面板中，将"级别"选项设为 -100.0，记录第 1 个动画关键帧，如图 6-117 所示。将时间指示器放置在 00:00:04:00 的位置，将"级别"选项设为 0.0，记录第 2 个动画关键帧，如图 6-118 所示。

| 图 6-117 | 图 6-118 |

（25）将时间指示器放置在 00 : 01 : 00 : 20 的位置，单击"级别"选项右侧的"添加 / 删除关键帧"按钮 ◉，记录第 3 个动画关键帧，如图 6-119 所示。将时间指示器放置在 00 : 01 : 03 : 20 的位置，将"级别"选项设为 -200.0，记录第 4 个动画关键帧，如图 6-120 所示。

| 图 6-119 | 图 6-120 |

（26）音乐歌曲 MV 制作完成。选择"文件 > 导出 > 媒体"命令，弹出"导出设置"对话框，将"格式"选项设为 AVI，设置输出名称和位置，单击"导出"按钮，即可导出文件。

6.3 动画设计与制作

6.3.1 课堂案例——制作电商类微信公众号横版海报

【案例学习目标】学习使用"创建传统补间"命令制作传统补间动画。

【案例知识要点】使用"导入到库"命令，导入素材文件；使用"新建元件"命令、"文本"工具，制作广告语的图形元件；使用"创建传统补间"命令，制作补间动画效果；使用"动作"命令，添加动作脚本，效果如图 6-121 所示。

【效果所在位置】Ch06/ 效果 / 制作电商类微信公众号横版海报 .fla。

图 6-121

1. 导入文件并制作元件

（1）选择"文件 > 新建"命令，弹出"新建文档"对话框，在"常规"选项卡中选择"ActionScript 3.0"选项，将"宽"选项设为 900，"高"选项设为 500，"背景颜色"设为浅灰色（#CCCCCC），单击"确定"按钮，完成文档的创建。

（2）选择"文件 > 导入 > 导入到库"命令，在弹出的"导入到库"对话框中，选择云盘中的"Ch06/ 素材 / 制作电商类微信公众号横版海报 /01 ~ 03"文件，单击"打开"按钮，将文件导入"库"面板中，如图 6-122 所示。

（3）按 Ctrl+F8 组合键或使用"新建元件"命令，弹出"创建新元件"对话框，在"名称"选项的文本框中输入"底图"，在"类型"选项的下拉列表中选择"图形"选项，如图 6-123 所示，单击"确定"按钮，新建图形元件"底图"。舞台窗口也随之转换为图形元件的舞台窗口。将"库"面板中的位图"01"拖曳到舞台窗口中，如图 6-124 所示。

图 6-122　　　　　　　　　图 6-123　　　　　　　　　图 6-124

（4）在"库"面板中新建一个图形元件"手机"，舞台窗口也随之转换为图形元件的舞台窗口。将"库"面板中的位图"03"拖曳到舞台窗口中，并放置在适当的位置，如图 6-125 所示。

（5）在"库"面板中新建一个图形元件"文字 1"，舞台窗口也随之转换为图形元件的舞台窗口。选择"文本"工具 T，在文本工具"属性"面板中进行设置，在舞台窗口中的适当位置输入字号为 34、字体为"方正正大黑简体"的白色文字，文字效果如图 6-126 所示。再次在舞台窗口中输入字号为 48、字体为"Aurora Cn BT"的白色英文，文字效果如图 6-127 所示。

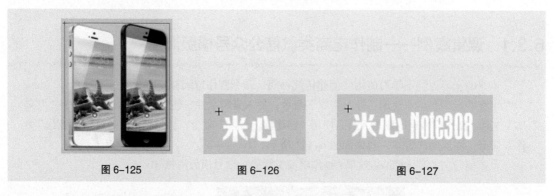

图 6-125　　　　　　　　　图 6-126　　　　　　　　　图 6-127

（6）用上述方法制作图形元件"文字 2"和"价位"，如图 6-128 和图 6-129 所示。

图 6-128　　　　　　　　　　　　　　　图 6-129

（7）在"库"面板中新建一个图形元件"渐变色"，舞台窗口也随之转换为图形元件的舞台窗口。选择"窗口 > 颜色"命令，弹出"颜色"面板，单击"笔触颜色"按钮 ，将其设为无。单击"填充颜色"按钮 ，在"颜色类型"选项的下拉列表中选择"线性渐变"选项，在色带上设置 3 个控制点，选中色带两侧的控制点，将其设为白色，在"Alpha"选项中将不透明度设为 0%，选中色带中间的控制点，将其设为白色，生成渐变色，如图 6-130 所示。选择"基本矩形"工具 ，在舞台窗口中绘制一个矩形，效果如图 6-131 所示。

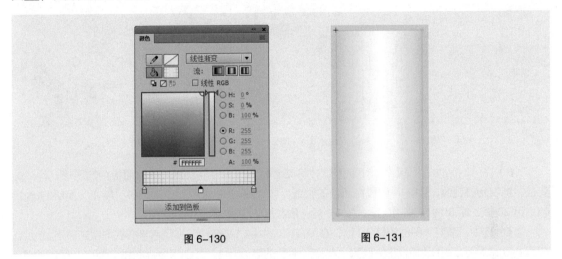

图 6-130   图 6-131

（8）在"库"面板中新建一个影片剪辑元件"价位动"，舞台窗口也随之转换为影片剪辑元件的舞台窗口。将"库"面板中的图形元件"价位"拖曳到舞台窗口中，并放置在适当的位置，如图 6-132 所示。

（9）分别选中"图层 1"的第 5 帧和第 10 帧，按 F6 键，依次插入关键帧。选中"图层 1"的第 5 帧，按 Ctrl+T 组合键，弹出"变形"面板，将"缩放宽度"选项和"缩放高度"选项均设为 90.0%，如图 6-133 所示。设置后的效果如图 6-134 所示。

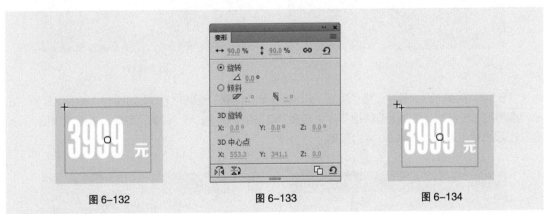

图 6-132   图 6-133   图 6-134

（10）分别用鼠标右击"图层 1"的第 1 帧、第 5 帧，在弹出的快捷菜单中选择"创建传统补间"命令，生成补间动画。

2．制作场景动画

（1）按 Ctrl+J 组合键，弹出"文档设置"对话框，将"舞台颜色"设为蓝色（#0099FF），单击"确定"按钮，完成舞台颜色的修改。单击舞台窗口左上方的"场景 1"图标 场景1，进入"场景1"的舞台窗口。将"图层1"重命名为"轮廓",如图6-135所示。选中"轮廓"图层的第40帧,按F6键,插入关键帧。

（2）将"库"面板中的图形元件"02"拖曳到舞台窗口中,保持图形的选中状态,按Ctrl+T组合键,弹出"变形"面板,将"缩放宽度"选项和"缩放高度"选项均设为72.0%,如图6-136所示。在图形"属性"面板中,将"X"选项设为134.00,"Y"选项设为105.00,效果如图6-137所示。

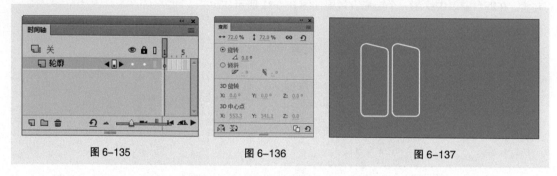

图6-135　　　　　　　　　图6-136　　　　　　　　　图6-137

（3）在"时间轴"面板中创建新图层并将其命名为"渐变"。将"库"面板中的图形元件"渐变色"拖曳到舞台窗口中,并放置在适当的位置,如图6-138所示。分别选中"渐变"图层的第10帧、第20帧、第30帧、第40帧,按F6键,依次插入关键帧。

（4）选中"渐变"图层的第10帧,在舞台窗口中将"渐变色"实例水平向右拖曳到适当的位置,如图6-139所示。用相同的方法设置"渐变"图层的第30帧。分别用鼠标右击"渐变"图层的第1帧、第10帧、第20帧、第30帧,在弹出的快捷菜单中选择"创建传统补间"命令,生成补间动画。

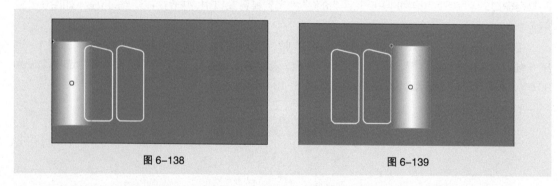

图6-138　　　　　　　　　　　　　　　图6-139

（5）在"时间轴"面板中,将"渐变"图层拖曳到"轮廓"图层的下方,如图6-140所示。在"轮廓"图层上右击鼠标,在弹出的快捷菜单中选择"遮罩层"命令,将"轮廓"图层设置为遮罩层,"渐变"图层为被遮罩层,如图6-141所示。

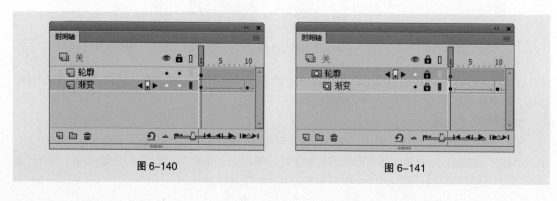

图6-140　　　　　　　　　　　　　　　图6-141

（6）在"时间轴"面板中创建新图层并将其命名为"底图"。选中"底图"图层的第 40 帧，按 F6 键，插入关键帧。将"库"面板中的图形元件"底图"拖曳到舞台窗口的中心位置，如图 6-142 所示。选中"底图"图层的第 60 帧，按 F5 键，插入普通帧。

（7）选中"底图"图层的第 50 帧，按 F6 键，插入关键帧。选中"底图"图层的第 40 帧，在舞台窗口中选中"底图"实例，在图形"属性"面板中选择"色彩效果"选项组，在"样式"选项的下拉列表中选择"Alpha"，将其值设为 0，如图 6-143 所示。

（8）用鼠标右击"底图"图层的第 40 帧，在弹出的快捷菜单中选择"创建传统补间"命令，生成补间动画。

（9）在"时间轴"面板中创建新图层并将其命名为"手机"。选中"手机"图层的第 40 帧，按 F6 键，插入关键帧。将"库"面板中的图形元件"手机"拖曳到舞台窗口中，在图形"属性"面板中，将"X"选项设为 143.00，"Y"选项设为 105.00，如图 6-144 所示，效果如图 6-145 所示。

图 6-142　　　　　　　　图 6-143　　　　　　　　图 6-144

（10）选中"手机"图层的第 50 帧，按 F6 键，插入关键帧。选中"手机"图层的第 40 帧，在舞台窗口中选中"手机"实例，在图形"属性"面板中选择"色彩效果"选项组，在"样式"选项的下拉列表中选择"Alpha"，将其值设为 0，如图 6-146 所示。设置后的效果如图 6-147 所示。

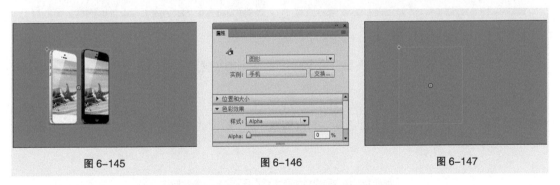

图 6-145　　　　　　　　图 6-146　　　　　　　　图 6-147

（11）用鼠标右击"手机"图层的第 40 帧，在弹出的快捷菜单中选择"创建传统补间"命令，生成补间动画。

（12）在"时间轴"面板中创建新图层并将其命名为"文字 1"。选中"文字 1"图层的第 50 帧，按 F6 键，插入关键帧。将"库"面板中的图形元件"文字 1"拖曳到舞台窗口中，并放置在适当的位置，如图 6-148 所示。

（13）选中"文字 1"图层的第 60 帧，按 F6 键，插入关键帧。选中"文字 1"图层的第 50 帧，在舞台窗口中将"文字 1"实例水平向左拖曳到适当的位置，如图 6-149 所示。在"样式"选项的下拉列表中选择"Alpha"，将其值设为 0。

图 6-148 图 6-149

（14）用鼠标右击"文字1"图层的第 50 帧，在弹出的快捷菜单中选择"创建传统补间"命令，生成补间动画。

（15）在"时间轴"面板中创建新图层并将其命名为"文字2"。选中"文字2"图层的第 50 帧，按 F6 键，插入关键帧。将"库"面板中的图形元件"文字2"拖曳到舞台窗口中，并放置在适当的位置，如图 6-150 所示。

（16）选中"文字2"图层的第 60 帧，按 F6 键，插入关键帧。选中"文字2"图层的第 50 帧，在舞台窗口中将"文字2"实例水平向右拖曳到适当的位置，如图 6-151 所示。在"样式"选项的下拉列表中选择"Alpha"，将其值设为 0。

图 6-150 图 6-151

（17）用鼠标右击"文字2"图层的第 50 帧，在弹出的快捷菜单中选择"创建传统补间"命令，生成补间动画。

（18）在"时间轴"面板中创建新图层并将其命名为"价位"。选中"价位"图层的第 60 帧，按 F6 键，插入关键帧。将"库"面板中的影片剪辑元件"价位动"拖曳到舞台窗口中，并放置在适当的位置，如图 6-152 所示。

图 6-152

（19）在"时间轴"面板中创建新图层并将其命名为"动作脚本"。选中"动作脚本"图层的第 60 帧，按 F6 键，插入关键帧。选择"窗口 > 动作"命令，弹出"动作"面板，在"动作"面板中设置脚本语言，"脚本窗口"中显示的效果如图 6-153 所示。设置好动作脚本后，关闭"动作"面板。在"动作脚本"图层的第 60 帧上显示出一个标记"a"。电商类微信公众号横版海报制作完成，按 Ctrl+Enter 组合键即可查看效果。

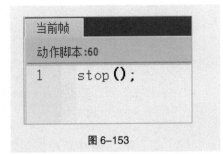

图 6-153

6.3.2 课堂案例——制作服装类微信公众号首图

【案例学习目标】学习使用"创建传统补间"命令制作传统补间动画。

【案例知识要点】使用"导入到库"命令，导入素材文件；使用"新建元件"命令，将导入的素材制作成图形元件；使用"文本"工具，输入广告语文本；使用"分离"命令，对输入的文字进行打散处理；使用"创建传统补间"命令，制作补间动画效果；使用"动作脚本"命令，添加动作脚本，效果如图 6-154 所示。

【效果所在位置】Ch06/ 效果 / 制作服装类微信公众号首图 .fla。

图 6-154

1. 制作图形元件

（1）选择"文件 > 新建"命令，弹出"新建文档"对话框，在"常规"选项卡中选择"ActionScript 3.0"选项，将"宽"选项设为 900，"高"选项设为 383，"背景颜色"设为粉色（#F5AAFF），单击"确定"按钮，完成文档的创建。

（2）选择"文件 > 导入 > 导入到库"命令，在弹出的"导入到库"对话框中，选择云盘中的"Ch06/ 素材 / 制作服装类微信公众号首图 /01 ~ 03"文件，单击"打开"按钮，将文件导入"库"面板中，如图 6-155 所示。

（3）按 Ctrl+F8 组合键或使用"新建元件"命令，弹出"创建新元件"对话框，在"名称"选项的文本框中输入"人物"，在"类型"选项的下拉列表中选择"图形"选项，如图 6-156 所示，单击"确定"按钮，新建图形元件"人物"。舞台窗口也随之转换为图形元件的舞台窗口。将"库"面板中的位图"02"拖曳到舞台窗口中，如图 6-157 所示。

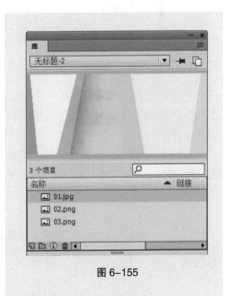

图 6-155

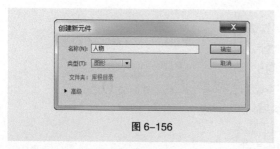

图 6-156

图 6-157

（4）在"库"面板中新建一个图形元件"日期"，舞台窗口也随之转换为图形元件的舞台窗口。将"库"面板中的位图"03"拖曳到舞台窗口中，如图 6-158 所示。

（5）在"库"面板中新建一个图形元件"文字"，如图 6-159所示，舞台窗口也随之转换为图形元件的舞台窗口。选择"文本"工具 $\boxed{T}$，在文本工具"属性"面板中进行设置，在舞台窗口中的适当位置输入字号为 17、字体为"方正兰亭中黑简体"的白色文字，文字效果如图 6-160 所示。

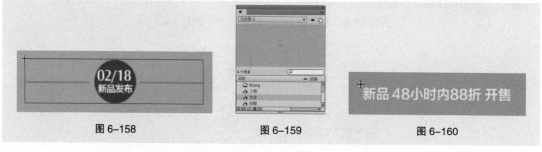

图 6-158   图 6-159   图 6-160

（6）选中图 6-161 所示的文字，在"属性"面板中，将"大小"选项设为 21。按 Enter 键确认操作，效果如图 6-162 所示。

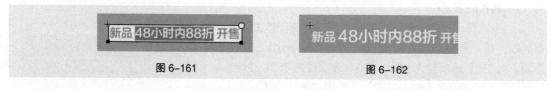

图 6-161   图 6-162

（7）在"库"面板中新建一个图形元件"矩形"，舞台窗口也随之转换为图形元件的舞台窗口。选择"基本矩形"工具 $\boxed{\blacksquare}$，在工具箱中将"填充颜色"设为深蓝色（#035E97），"笔触颜色"设为无，在舞台窗口中绘制一个矩形。

（8）保持矩形的选中状态，在矩形图元"属性"面板中，将"宽"选项设为 281.00，"高"选项设为 30.00，"X"选项和"Y"选项均设为 0，如图 6-163 所示。设置后的效果如图 6-164 所示。

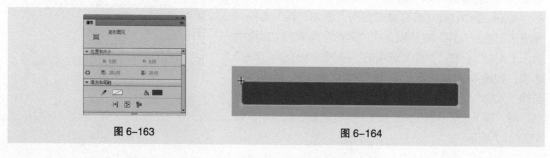

图 6-163   图 6-164

2. 制作文字动画效果

（1）按 Ctrl+F8 组合键，弹出"创建新元件"对话框，在"名称"选项的文本框中输入"文字动"，在"类型"选项的下拉列表中选择"影片剪辑"，如图 6-165 所示，单击"确定"按钮，新建影片剪辑元件"文字动"。舞台窗口也随之转换为影片剪辑元件的舞台窗口。

（2）选择"文本"工具 T，在文本工具"属性"面板中进行设置，在舞台窗口中的适当位置输入字号为 29、字母间距为 23、字体为"CastleT"的深蓝色（#035E97）文字，效果如图 6-166 所示。

（3）选择"选择"工具 ，在舞台窗口中选中文字，如图 6-167 所示。按 Ctrl+B 组合键或使用"分离"命令，将选中的文字打散，效果如图 6-168 所示。

（4）选中图 6-169 所示的文字，按 F8 键。在弹出的"转换为元件"对话框中进行设置，如图 6-170 所示，单击"确定"按钮，将所选文字转换为图形元件。用相同的方法将其他英文字母转换为图形元件。

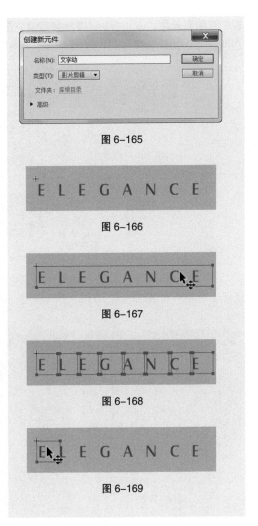

图 6-165

图 6-166

图 6-167

图 6-168

图 6-169

图 6-170

（5）按 Ctrl+A 组合键，将舞台窗口中的实例全部选中，如图 6-171 所示。选择"修改 > 时间轴 > 分散到图层"命令，将选中的实例分散到独立层，如图 6-172 所示。

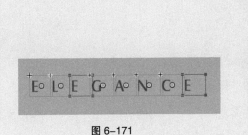

图 6-171

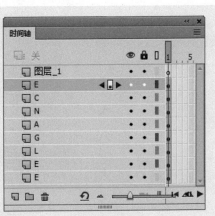

图 6-172

（6）选中图 6-173 所示的字母，按 Delete 键，将其删除，效果如图 6-174 所示。将"库"面板中的图形元件"E"拖曳到舞台窗口中，在图形"属性"面板中，将"X"选项设为 71.50，"Y"选项设为 0.00，效果如图 6-175 所示。用相同的方法更换最后一个字母，效果如图 6-176 所示。

图 6-173　　　　　　　　　　　　　　　　图 6-174

图 6-175　　　　　　　　　　　　　　　　图 6-176

（7）在"时间轴"面板中调整图层的排列顺序，如图 6-177 所示。删除"图层_1"，如图 6-178 所示。选中所有图层的第 10 帧，按 F6 键，分别插入关键帧，如图 6-179 所示。

图 6-177　　　　　　　　　　　　图 6-178　　　　　　　　　　　　图 6-179

（8）选中任意图层的第 1 帧，在舞台窗口中选中所有实例，在图形"属性"面板中，将"Y"选项设为 −122.00，如图 6-180 所示。设置后的效果如图 6-181 所示。用鼠标右击所有图层的第 1 帧，在弹出的快捷菜单中选择"创建传统补间"命令，生成传统补间动画，如图 6-182 所示。

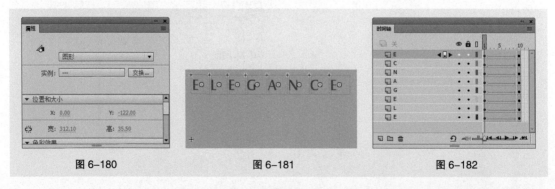

图 6-180　　　　　　　　　　　　图 6-181　　　　　　　　　　　　图 6-182

（9）单击"L"图层的名称，选中该层中的所有帧，将所有帧向后拖曳至与下一图层间隔 2 帧的位置，如图 6-183 所示。用相同的方法依次对其他图层进行操作，如图 6-184 所示。

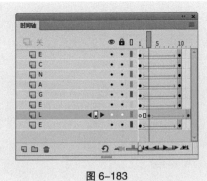

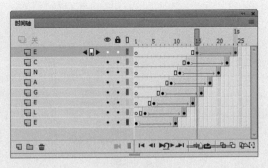

图 6-183   图 6-184

（10）选中所有图层的第 25 帧，按 F5 键，插入普通帧，如图 6-185 所示。在"时间轴"中创建新图层并将其命名为"动作脚本"。选中"动作脚本"图层的第 25 帧，按 F6 键，插入关键帧。选择"窗口 > 动作"命令，弹出"动作"面板，在"动作"面板中设置脚本语言，"脚本窗口"中显示的效果如图 6-186 所示。设置好动作脚本后，关闭"动作"面板。在"动作脚本"图层的第 25 帧上显示出一个标记"a"，如图 6-187 所示。

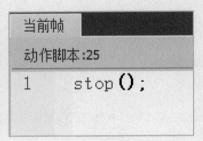

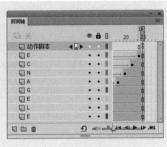

图 6-185   图 6-186   图 6-187

3．制作场景动画

（1）单击舞台窗口左上方的"场景 1"图标 📽 场景1，进入"场景 1"的舞台窗口。将"图层_1"重命名为"底图"。将"库"面板中的位图"01"拖曳到舞台窗口的中心位置，如图 6-188 所示。选中"底图"图层的第 65 帧，按 F5 键，插入普通帧，如图 6-189 所示。

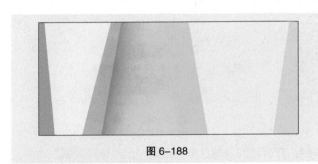

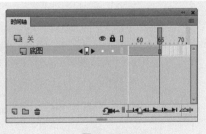

图 6-188   图 6-189

（2）在"时间轴"面板中创建新图层并将其命名为"英文"。将"库"面板中的影片剪辑元件"文字动"拖曳到舞台窗口中，并放置在适当的位置，如图 6-190 所示。

（3）在"时间轴"面板中创建新图层并将其命名为"矩形"。将"库"面板中的图像元件"矩形"拖曳到舞台窗口中，并放置在适当的位置，如图 6-191 所示。

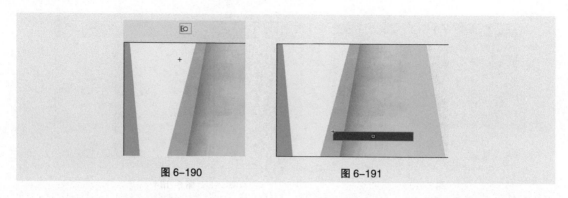

图 6-190   图 6-191

（4）选中"矩形"图层的第 10 帧，按 F6 键，插入关键帧。选中"矩形"图层的第 1 帧，在舞台窗口中将"矩形"实例垂直向下拖曳到适当的位置，如图 6-192 所示。在图形"属性"面板中选择"色彩效果"选项组，在"样式"选项的下拉列表中选择"Alpha"，将其值设为 0，效果如图 6-193 所示。

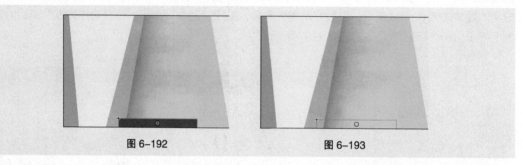

图 6-192   图 6-193

（5）用鼠标右击"矩形"图层的第 1 帧，在弹出的快捷菜单中选择"创建传统补间"命令，生成传统补间动画。

（6）在"时间轴"面板中创建新图层并将其命名为"文字"。选中"文字"图层的第 10 帧，按 F6 键，插入关键帧。将"库"面板中的图形元件"文字"拖曳到舞台窗口中，并放置在适当的位置，如图 6-194 所示。

（7）选中"文字"图层的第 20 帧，按 F6 键，插入关键帧。选中"文字"图层的第 10 帧，在舞台窗口中选中"文字"实例，在图形"属性"面板中选择"色彩效果"选项组，在"样式"选项的下拉列表中选择"Alpha"，将其值设为 0，效果如图 6-195 所示。

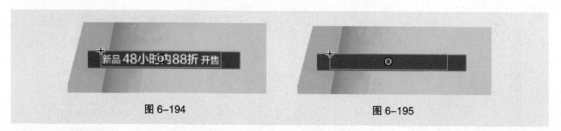

图 6-194   图 6-195

（8）用鼠标右击"文字"图层的第 10 帧，在弹出的快捷菜单中选择"创建传统补间"命令，生成传统补间动画。

（9）在"时间轴"面板中创建新图层并将其命名为"初春上新"。选中"初春上新"图层的第 25 帧，按 F6 键，插入关键帧。选择"文本"工具 T，在文本工具"属性"面板中进行设置，在舞台窗口中的适当位置输入字号为 62、字母间距为 15、字体为"方正兰亭中黑简体"的深蓝色（#035E97）文字，效果如图 6-196 所示。

（10）在"时间轴"面板中创建新图层并将其命名为"遮罩"。选中"遮罩"图层的第 25 帧，按 F6 键，插入关键帧。选择"基本矩形"工具■，在工具箱中将"填充颜色"设为白色，"笔触颜色"设为无，在舞台窗口中绘制一个矩形，如图 6-197 所示。

（11）选中"遮罩"图层的第 35 帧，按 F6 键，插入关键帧。选择"任意变形"工具■，在矩形周围出现控制点，按住 Alt 键的同时，选中矩形右侧中间的控制点并将其向右拖曳到适当的位置，改变矩形的宽度，效果如图 6-198 所示。

图 6-196　　　　　　　　　　图 6-197　　　　　　　　　　图 6-198

（12）用鼠标右击"遮罩"图层的第 25 帧，在弹出的快捷菜单中选择"创建补间形状"命令，生成形状补间动画，如图 6-199 所示。在"遮罩"图层上右击鼠标，在弹出的快捷菜单中选择"遮罩层"命令，将"遮罩"图层设置为遮罩层，"初春上新"图层为被遮罩层，如图 6-200 所示。

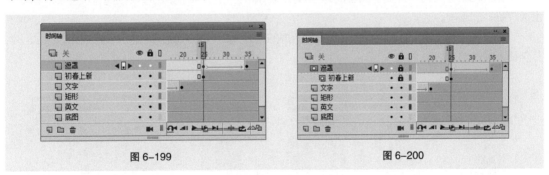

图 6-199　　　　　　　　　　　　　　　　　图 6-200

（13）在"时间轴"面板中创建新图层并将其命名为"日期"。选中"日期"图层的第 25 帧，按 F6 键，插入关键帧。将"库"面板中的图形元件"日期"拖曳到舞台窗口中，并放置在适当的位置，如图 6-201 所示。

（14）选中"日期"图层的第 35 帧，按 F6 键，插入关键帧。选中"日期"图层的第 25 帧，在舞台窗口中选中"日期"实例，在图形"属性"面板中选择"色彩效果"选项组，在"样式"选项的下拉列表中选择"Alpha"，将其值设为 0，效果如图 6-202 所示。

（15）用鼠标右击"日期"图层的第 25 帧，在弹出的快捷菜单中选择"创建传统补间"命令，生成传统补间动画，如图 6-203 所示。

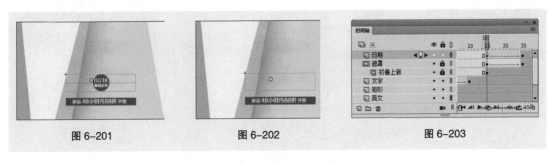

图 6-201　　　　　　　　　图 6-202　　　　　　　　　图 6-203

（16）在"时间轴"面板中创建新图层并将其命名为"人物"。选中"人物"图层的第 40 帧，按 F6 键，插入关键帧。将"库"面板中的图形元件"人物"拖曳到舞台窗口中，并放置在适当的位置，如图 6-204 所示。

（17）选中"人物"图层的第 50 帧，按 F6 键，插入关键帧。选中"人物"图层的第 40 帧，在舞台窗口中将"人物"实例水平向右拖曳到适当的位置，如图 6-205 所示。在图形"属性"面板中选择"色彩效果"选项组，在"样式"选项的下拉列表中选择"Alpha"，将其值设为 0，效果如图 6-206 所示。

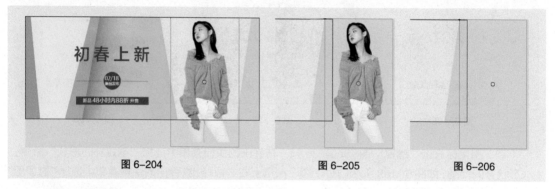

图 6-204   图 6-205   图 6-206

（18）用鼠标右击"人物"图层的第 40 帧，在弹出的快捷菜单中选择"创建传统补间"命令，生成传统补间动画。

（19）在"时间轴"面板中选中"人物"图层的第 55 帧～第 63 帧，如图 6-207 所示。按 F6 键，分别插入关键帧，如图 6-208 所示。

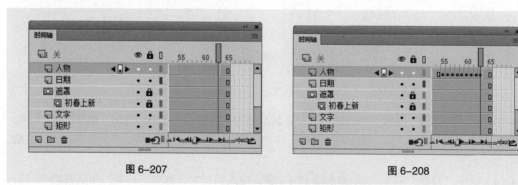

图 6-207   图 6-208

（20）选中"人物"图层的第 56 帧，在舞台窗口选中"人物"实例，在图形"属性"面板中选择"色彩效果"选项组，在"样式"选项的下拉列表中选择"色调"，在右侧的颜色框中将颜色设为白色，其他选项的设置如图 6-209 所示。设置后的效果如图 6-210 所示。用相同的方法设置"人物"图层的第 58 帧、第 60 帧、第 62 帧。

（21）在"时间轴"面板中创

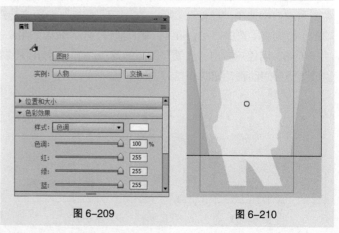

图 6-209   图 6-210

建新图层并将其命名为"动作脚本"。选中"动作脚本"图层的第 65 帧,按 F6 键,插入关键帧,如图 6-211 所示。选择"窗口 > 动作"命令,弹出"动作"面板,在"动作"面板中设置脚本语言,"脚本窗口"中显示的效果如图 6-212 所示。设置好动作脚本后,关闭"动作"面板。在"动作脚本"图层的第 65 帧上显示出一个标记"a",如图 6-213 所示。服装类微信公众号首图制作完成,按 Ctrl+Enter 组合键即可查看效果。

当前帧

动作脚本:65

```
1    stop();
```

图 6-211　　　　　　　　图 6-212　　　　　　　　图 6-213

6.4 H5 设计与制作

6.4.1 课堂案例——制作电子商务行业活动促销 H5

【案例学习目标】了解电子商务行业活动促销 H5 项目策划及交互设计的相关内容,学习使用凡科微传单制作和发布 H5 的方法。

【案例知识要点】用浏览器登录凡科官网,使用凡科微传单制作电子商务行业活动促销 H5,使用凡科微传单的"趣味"选项中的"球体仪"功能制作最终效果,效果如图 6-214 所示。

【效果所在位置】Ch06/ 效果 / 制作电子商务行业活动促销 H5。

扫码观看
本案例视频

图 6-214

（1）使用浏览器登录凡科官网。单击"进入管理"按钮，在常用产品中选择"微传单"，如图 6-215 所示，进入"创建作品"页面，选择"从空白创建"，如图 6-216 所示。

图 6-215　　　　　　　　　　　　　　　　　　　　图 6-216

（2）单击页面右侧"背景"面板中的空白区域，如图 6-217 所示。在弹出的对话框中单击"本地上传"按钮，选择云盘中的"Ch06/ 素材 / 制作电子商务行业活动促销 H5/01 ～ 08"素材文件，单击"打开"按钮，置入图片，如图 6-218 所示。单击选取"01"素材，页面效果如图 6-219 所示。

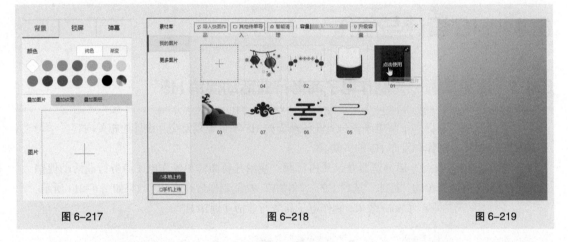

图 6-217　　　　　　　　　　　图 6-218　　　　　　　　　　　图 6-219

（3）单击效果右侧的"手机适配"按钮，如图 6-220 所示。在弹出的面板中进行设置，如图 6-221 所示，单击页面右上方的"保存"按钮，保存页面效果。

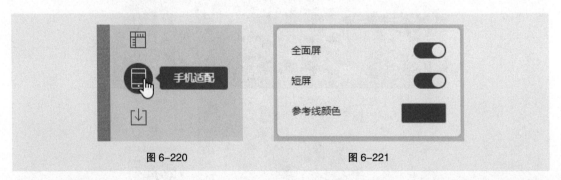

图 6-220　　　　　　　　　　　　　　　　　　图 6-221

（4）单击页面上方的"素材"选项，在弹出的对话框中单击选取"02"素材，并将其拖曳到适当的位置，在页面空白处单击鼠标，页面效果如图 6-222 所示。单击选取素材，将页面右侧的面板切换到"动画"，单击使用"旋转出现"动画效果，设置如图 6-223 所示。用相同的方法添加其他素材，并分别为其添加动画，页面效果如图 6-224 所示。

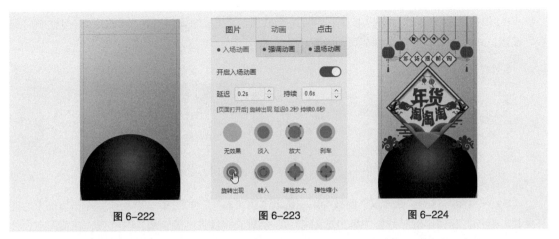

| 图 6-222 | 图 6-223 | 图 6-224 |

（5）单击页面上方的"趣味"选项，在弹出的菜单中选择"球体仪"功能，如图 6-225 所示。在弹出的窗口中单击"添加"按钮，页面创建完成。

（6）单击页面右侧的"球体仪"面板中的球体样式"设置"按钮，在弹出的面板中单击更多颜色，如图 6-226 所示。在弹出的色彩面板中将当前颜色设为红色（# c20508），如图 6-227 所示，在页面空白处单击鼠标，退出面板。

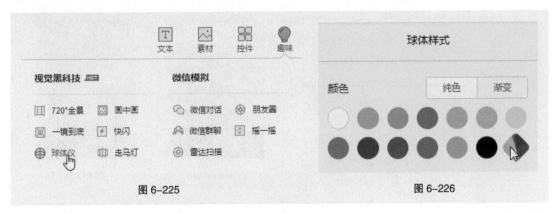

| 图 6-225 | 图 6-226 |

（7）单击页面右侧的"背景"面板中的空白区域，如图 6-228 所示。在弹出的对话框中单击"本地上传"按钮，选择云盘中的"Ch06/ 素材 / 制作电子商务行业活动促销 H5/09 ～ 18"素材文件，单击"打开"按钮，置入图片，单击选取"01"素材，页面效果如图 6-229 所示。

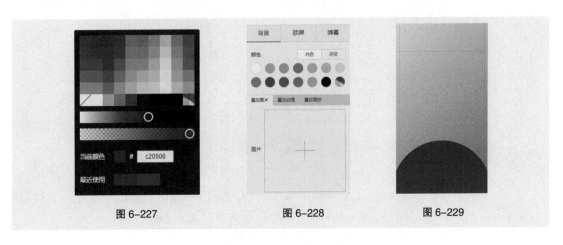

| 图 6-227 | 图 6-228 | 图 6-229 |

（8）单击底图右侧的"生成"按钮，如图 6-230 所示，生成球体仪元素。单击页面右上方的"保存"按钮，如图 6-231 所示，保存页面效果。

图 6-230　　　　　　　　　图 6-231

（9）在页面右侧的"球体仪"面板中单击选取"第 1 幕"，如图 6-232 所示，单击页面上方的"素材"选项，在弹出的对话框中单击选取"09"素材，并将其拖曳到适当的位置，在页面空白处单击鼠标，取消选取状态，效果如图 6-233 所示。在页面右侧的"球体仪"面板中单击选取"第 2 幕"，分别选取"03""12""17"素材，调整其大小并拖曳到适当的位置，为页面添加装饰效果，如图 6-234 所示。用相同的方法添加其他主页面及装饰页面。

图 6-232　　　　　　　　　图 6-233　　　　　　　　　图 6-234

（10）单击页面右上方的"音乐"按钮，打开"背景音乐"选项，如图 6-235 所示，单击"选择音乐"按钮，在弹出的面板中选取背景音乐。单击底图右侧的"生成"按钮，生成球体仪效果，单击页面右上方的"预览和设置"按钮，保存并预览效果，如图 6-236 所示。

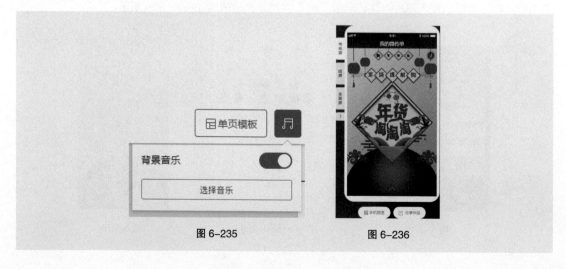

图 6-235　　　　　　　　　图 6-236

（11）单击"基础设置"面板中的"编辑分享样式"按钮，在弹出的面板中编辑分享样式，如图6-237所示。单击效果下方"手机预览"或"分享作品"按钮，扫描二维码即可分享作品，如图6-238所示。电子商务行业活动促销 H5 制作发布完成。

图 6-237　　　　　　　　　　　图 6-238

6.4.2　课堂案例——制作金融理财行业节日祝福 H5

【案例学习目标】了解金融理财行业节日祝福 H5 项目策划及交互设计的相关内容，学习使用凡科微传单制作 H5 并发布的方法。

【案例知识要点】用浏览器登录凡科官网，使用凡科微传单制作金融理财行业节日祝福 H5，使用凡科微传单的"趣味"选项中的"走马灯"功能制作最终效果，效果如图6-239所示。

【效果所在位置】Ch06/ 效果 / 制作金融理财行业节日祝福 H5。

图 6-239

（1）使用浏览器登录凡科官网。单击"进入管理"按钮，在常用产品中选择"微传单"，如图 6-240 所示，进入"创建作品"页面，选择"从空白创建"，如图 6-241 所示。

图 6-240   图 6-241

（2）单击页面上方的"趣味"选项，在弹出的菜单中选择"走马灯"功能，如图 6-242 所示。在弹出的窗口中单击"添加"按钮，页面创建完成。

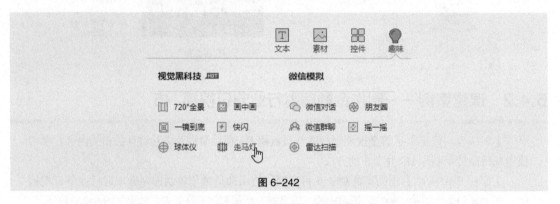

图 6-242

（3）在页面窗口中选取"页面 1"，单击右侧的删除按钮 🗑，如图 6-243 所示。弹出"信息提示"对话框，单击"确定"按钮，删除空白页面，效果如图 6-244 所示。

（4）单击页面右侧的"走马灯"面板中的"设置背景"按钮，如图 6-245 所示。在弹出的"背景"面板中单击空白区域，如图 6-246 所示。在弹出的对话框中单击"本地上传"按钮，选择云盘中的"Ch06/ 素材 / 制作金融理财行业节日祝福 H5/01 ~ 09"素材文件，单击"打开"按钮，上传图片，如图 6-247 所示。单击选取"01"素材，页面效果如图 6-248 所示。

图 6-243   图 6-244   图 6-245   图 6-246

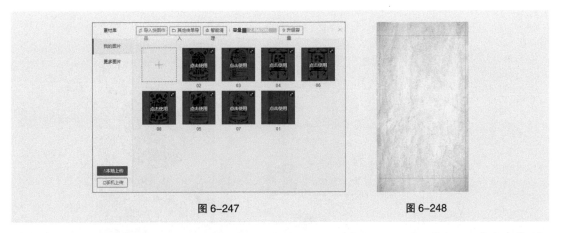

图 6-247   图 6-248

（5）单击底图右侧的"生成"按钮，如图 6-249 所示，生成走马灯元素，单击页面右上方的"保存"按钮，如图 6-250 所示，保存页面效果。

图 6-249   图 6-250   图 6-251

（6）在页面右侧的"走马灯"面板中单击选取"第 1 幕"，如图 6-251 所示，单击页面上方的"素材"选项，在弹出的对话框中单击选取"02"素材，在页面空白处单击鼠标，页面效果如图 6-252 所示。在页面右侧的"走马灯"面板中单击选取"第 2 幕"，再次单击选取素材，页面效果如图 6-253 所示。

（7）单击图像右侧的"间距"按钮，如图 6-254 所示，在弹出的"间距"面板中进行设置，如图 6-255 所示。在页面空白处单击鼠标，页面间距调整完成。

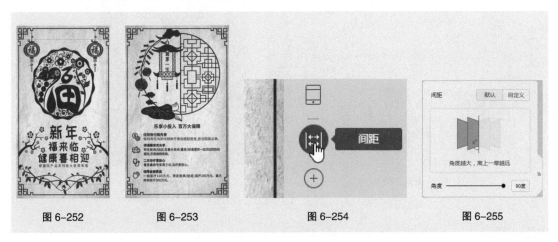

图 6-252   图 6-253   图 6-254   图 6-255

（8）用相同的方法添加并调整其他页面。单击页面右上方的"音乐"按钮，打开"背景音乐"选项，如图 6-256 所示，单击"选择音乐"按钮，在弹出的面板中选取背景音乐。单击底图右侧的"生成"按钮，生成走马灯效果，单击页面右上方的"预览和设置"按钮，保存并预览效果，如图 6-257 所示。

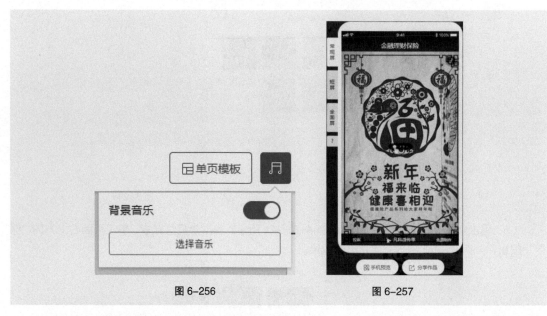

| 图 6-256 | 图 6-257 |

（9）单击"基础设置"面板中的"编辑分享样式"按钮，在弹出的面板中编辑分享样式，如图 6-258 所示。单击效果下方的"手机预览"或"分享作品"按钮，扫描二维码即可分享作品，如图 6-259 所示。金融理财行业节日祝福 H5 制作发布完成。

| 图 6-258 | 图 6-259 |